融合型·新形态教材
复旦学前云平台 fudanxueqian.com

婴幼儿托育·早期教育系列教材

婴幼儿行为观察与指导

主　编　杨道才　刘妍慧

副主编　邹雪城　李一帆

编　者（按姓氏笔画排序）

田忠梅　田　甜　李莲智　李晶晶　哈丽媛

复旦大學 出版社

内容简介

本教材依据国家卫生健康委员会《托育机构保育指导大纲（试行）》《托育机构设置标准（试行）》《托育机构管理规范（试行）》和《0-6岁儿童发育行为评估量表》等编写而成，反映了国家对0-3岁婴幼儿保育人员职业的新要求，满足托育机构保育、教育工作不断发展的需要。

本教材聚焦婴幼儿行为观察与指导、婴幼儿行为观察的记录方法、婴幼儿行为观察的数据与评价、婴幼儿行为观察准备与实施步骤、基于发展的婴幼儿行为观察与指导。本教材将经典理论知识与前沿观察方法融入案例中，综合设计课程内容，以案例形式进行导入、分析以及指导，核心知识点一目了然，实践性极强。同时，本教材按照课程德育精神，结合专业政策，把"立德树人"以"润物无声"的方式融入课程。

本教材设计了拓展练习题、聚焦考证题，供学生练习。本教材还配有拓展阅读、微课资源、课件和教案等，可登录复旦学前云平台（www.fudanxueqian.com）查看、获取。

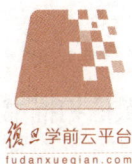

复旦学前云平台
数字化教学支持说明

为提高教学服务水平，促进课程立体化建设，复旦大学出版社学前教育分社建设了"复旦学前云平台"，为师生提供丰富的课程配套资源，可通过"电脑端"和"手机端"查看、获取。

【电脑端】

电脑端资源包括 PPT 课件、电子教案、习题答案、课程大纲、音频、视频等内容。可登录"复旦学前云平台"www.fudanxueqian.com 浏览、下载。

Step 1 登录网站"复旦学前云平台"www.fudanxueqian.com，点击右上角"登录／注册"，使用手机号注册。

Step 2 在"搜索"栏输入相关书名，找到该书，点击进入。

Step 3 点击【配套资源】中的"下载"（首次使用需输入教师信息），即可下载。音频、视频内容可通过搜索该书【视听包】在线浏览。

📱 **【手机端】**

PPT 课件、音视频、阅读材料：用微信扫描书中二维码即可浏览。

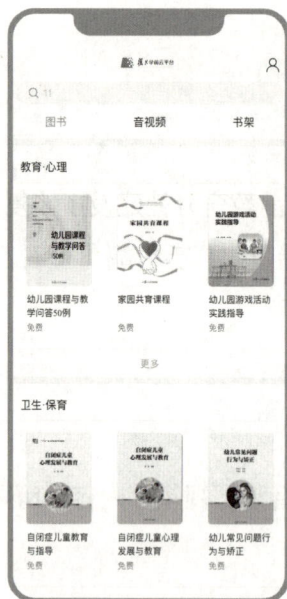

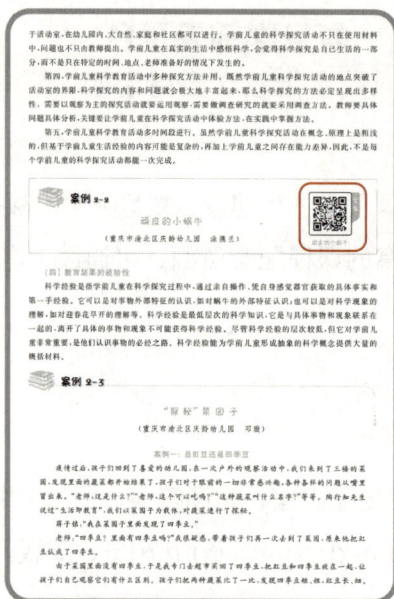

扫码浏览 ➡️

📖 **【更多相关资源】**

更多资源，如专家文章、活动设计案例、绘本阅读、环境创设、图书信息等，可关注"幼师宝"微信公众号，搜索、查阅。

平台技术支持热线：029-68518879。

"幼师宝"微信公众号

✏️ **【本书配套资源说明】**

1. 刮开书后封底二维码的遮盖涂层。

2. 使用手机微信扫描二维码，根据提示注册登录后，完成本书配套在线资源激活。

3. 本书配套的资源可以在手机端使用，也可以在电脑端用刮码激活时绑定的手机号登录使用。

4. 如您的身份是教师，需要对学生使用本书的配套资料情况进行后台数据查看、监督学生学习情况，我们提供配套教师端服务，有需要的老师请登录复旦学前云平台官方网址：www.fudanxueqian.com，进入"教师监控端申请入口"提交相关资料后申请开通。

前　言

　　早在古希腊时期,柏拉图就在《理想国》中提出婴幼儿时期发展的重要性,他的思想至今仍在早期教育理念中占据重要地位。纵观世界婴幼儿发展理论的发展历程,直到十九世纪末二十世纪初,查尔斯·达尔文和西格蒙德·弗洛伊德才展开了针对婴幼儿的科学观察与发展理论的探索。二十世纪中叶,婴幼儿发展的重要性不断在不同的学科领域掀起研究热潮。越来越多的学者深刻意识到开展婴幼儿研究有助于了解一个人的早期发展过程以及早期经验在其发展过程中所起到的重要作用。

　　近些年,随着我国对托育服务发展的重视与扶持,广大托育机构须通过不断增强婴幼儿教师的专业能力建设高质量的师资队伍,从而提升托育服务质量,为我国三孩养育政策提供保障。为促进婴幼儿教师专业发展,打造质量过硬的照护服务,根据《国务院办公厅关于促进3岁以下婴幼儿照护服务发展的指导意见》,国家卫生健康委组织制定了《托育机构保育指导大纲(试行)》。该大纲提出,托育机构保育工作"应当遵循婴幼儿发展的年龄特点与个体差异,通过多种途径促进婴幼儿身体发育和心理发展""提供支持性环境,敏感观察婴幼儿,理解其生理和心理需求,并及时给予积极适宜的回应",明确要求婴幼儿教师应当具有良好的职业道德和业务能力,身心健康,并主动了解和满足婴幼儿不同的发展需求,平等对待每一个婴幼儿。据此,婴幼儿行为观察与指导的能力是婴幼儿教师最重要的专业能力之一。

　　每一位婴幼儿都是世界上独一无二的独立个体,其身心发展规律都具有个体差异性。不同年龄阶段、不同家庭环境和不同的社会环境都会在潜移默化中对婴幼儿早期发展产生影响。为了更好地为婴幼儿发展提供有效的帮助与指导,婴幼儿教师既要充分了解婴幼儿身心发展规律的一般性与特殊性,又要对每一位独立个体的个别需求情况了如指掌。比如:通过观察发现能够引起婴幼儿兴趣的物品、事件或者游戏,并从中挖掘隐藏的教育价值;通过观察婴幼儿行为能够了解不同个体之间的需求差异,从而切实贯彻因材施教的教育理念。

　　那么,婴幼儿教师应该如何了解婴幼儿?从何处着手进行婴幼儿行为的观察与指导?本书为观察与指导婴幼儿行为提供了完整框架,为广大托育工作者进行婴幼儿行为观察与记录提供了强大的理论支持和实践指导。本书正文部分由五个项目组成。

第一个项目主要阐述了婴幼儿行为观察与指导的目的、意义与原则,并结合案例对需要注意的问题进行了分析。第二个项目主要阐述了婴幼儿行为观察的记录方法,包括轶事记录、检核表、时间取样、事件取样和作品取样等,旨在帮助婴幼儿教师掌握科学、有效的观察与记录方法。第三个项目主要阐述了如何对婴幼儿行为观察的数据进行处理,包括整理、归纳与分析,尽可能地对婴幼儿行为特点及原因进行精准解读。第四个项目主要阐述了婴幼儿行为观察的准备与实施步骤及其注意事项。第五个项目专门针对婴幼儿五大领域发展的行为进行观察与指导,提供了相应的指导策略。

该书的特色之处主要体现在提供了丰富翔实的来自一线的鲜活案例,帮助婴幼儿教师能够借鉴已有的经验,通过反复的实践与反思,将观察技术更好地运用到实际工作中,更准确、及时地掌握每一位婴幼儿的发展规律及特点,进而设计出科学的婴幼儿发展课程、创设适宜的环境,最终,在不断实践的过程中获得自身的专业发展。

本书前言和项目一、二、三、四由杨道才(常州市工贸高级技工学校)、刘妍慧(湖北师范大学)、邹雪城(湖北师范大学)、李一帆(湖北师范大学)完成,项目五由田甜(青岛职业技术学院)、哈丽媛(内蒙古民族幼儿师范高等专科学校)、田忠梅(内蒙古民族幼儿师范高等专科学校)完成,全书统稿工作主要由杨道才、刘妍慧、李一帆、邹雪城完成。

本书在编写过程中,得到了不少老师、朋友的支持和帮助,也参考了很多相关资料,在此一并表示感谢。由于时间仓促,水平有限,书中难免存在不足与疏漏,恳请广大教师、专家批评指正。

编者

目 录

项目一
婴幼儿行为观察与指导概述

项目导读

　　婴幼儿时期是人的生命的初始阶段。在此阶段，婴幼儿具有强大的生命力和无限发展的可能性，在家庭和社会环境的深刻影响下，逐渐形成不同的独立个体。基于婴幼儿的身心发展规律，对婴幼儿的行为进行观察与指导，开展高质量的保育教育活动，促进其健康发展，是规范婴幼儿教师的职业行为，建设高素质、专业化的婴幼儿教师队伍的需要，也是满足人民向往美好生活的新时代婴幼儿教师的需要。

　　本项目是全课程的概要和理论基础，从婴幼儿行为、婴幼儿行为观察和婴幼儿行为指导等核心概念入手，在掌握婴幼儿行为发展的理论和婴幼儿行为指导原则等知识的基础上，重点掌握观察记录的技巧和行为指导策略等能力，为后面各项目的学习奠定基础。

学习目标

　　1. 理解婴幼儿行为、婴幼儿行为观察和婴幼儿行为指导等概念，了解婴幼儿行为的影响因素和婴幼儿行为发展的相关理论。

　　2. 在大致了解观察记录的方法的基础上，分析婴幼儿行为，确定行为指导策略。

　　3. 逐渐树立观察意识，意识到观察是教师专业技能之一。

内容结构

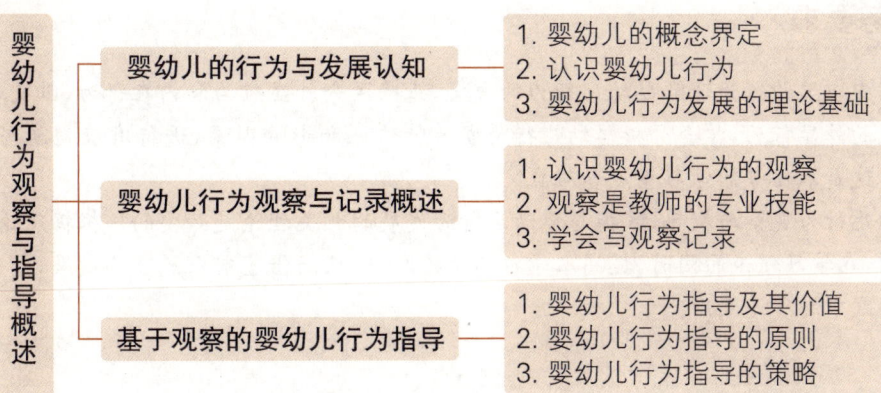

001

任务一　婴幼儿的行为与发展认知

微课 1-1
认识婴幼儿
及其行为

案例导入

[案例 1-1-1]　好奇的多里

多里 7 个月大了,他坐在自己的婴儿椅上玩着玩具,姥姥和奶奶在一旁陪着,这时门外响起了很大的敲门声,多里马上瞪大了眼睛,把头转向门的方向并发出"啊啊"的声音。姥姥起身去开门,发现是来询问事项的邻居二人,就把她们迎了进来。其中一位是年长的奶奶,像是多里的姥姥和奶奶一样的年纪,另外一位是稍年轻的阿姨,像是多里的母亲的年纪。邻居奶奶看到多利也在,面带微笑地走过去想同多里打招呼,没想到多里一下子嗷嗷大哭起来,姥姥出声安抚了两句没有用,于是把多里从婴儿椅上抱起来,轻轻晃动身体安抚多里。几人只好在多里的哭声中攀谈起来了,过了一会儿,多里不再放声大哭,缩在姥姥的怀里瞪大眼睛来回打量客厅里两个陌生人。他扭着脑袋盯着在较远位置的邻居阿姨,邻居阿姨看到多里在看他,于是开始做鬼脸逗起多里来,多里眼睛眨也不眨地盯着邻居阿姨,伴随着"手舞足蹈"发出一些"啊""嗯"的声音。

问题思考:

1. 多里为什么突然哭了呢?

2. 为什么多里会很专注地看其中一位阿姨,而不看其他人呢?

3. 多里两次发出声音可能是想表达什么呢?

任务要求

通过案例中多里的行为理解婴幼儿行为的含义,正确区分外显行为和内在行为,以及二者之间的关系。通过多里的外显行为,学会分析婴幼儿行为发展特殊性和影响因素,进行准确判断与评估,掌握其真实的意图。这是本任务的学习重点和难点。

学习婴幼儿行为观察与指导,掌握与婴幼儿行为发展的相关理论是必要的。根据理论联系实际、指导实际的原则,在学习理论的同时,提高本学科的理论水平,从而借鉴前人的理论成果,提升婴幼儿行为观察与指导实践中的理论高度。

核心内容

一、婴幼儿的概念界定

婴幼儿是婴儿和幼儿的统称,一般是指 0～3 岁的幼小儿童。婴儿与幼儿之间有着密切的联系,因此许多儿童早期教育相关的研究不再进一步区分。

国家卫生健康委妇幼司 2022 年发布的《3 岁以下婴幼儿健康养育照护指南(试行)文件解读》中提及婴幼儿时期是儿童生长发育的关键期,这一时期大脑和身体快速发育。总的来说,0～3 岁的早期教育主要是实施启蒙教育,关注婴幼儿身心发育、健康成长。

人们对婴幼儿阶段有不同的年龄分类,普遍认为婴儿期是指 0～1 岁的时期,1 岁以后,属于幼儿期。至于幼儿期截止到几岁,有不同的说法,临床医学领域根据生理学的特征,一般将 1～3 岁定义为幼儿期;儿童发展心理学通常将 3～7 岁划分为幼儿期。参照国内外现行的年龄阶段划分方式,我们将儿童心理发展的阶段作如下划分:[①]

(1) 新生儿期(0～1 个月)

(2) 乳儿期(1 个月～1 岁)

(3) 婴幼儿期(1～3 岁)

(4) 童年早期或幼儿期(3～7 岁)

(5) 童年中期(7～12 岁)

(6) 童年晚期或少年期(12～15 岁)

(7) 青年早期(15～18 岁)

本书主要聚焦于 0～3 岁这一阶段。目前国内有关于 0～3 岁早期教育的理论与实践研究仍较匮乏,相比之下 3～6 岁学前教育的相关理论与实践研究较为成熟,这对我们开展婴幼儿行为观察、记录、指导具有借鉴意义。为了保持取材的客观标准性,本书也包含了 3～6 岁的学前教育部分的内容。

二、认识婴幼儿行为

(一) 行为的含义

行为是指人们一切有目的的活动,它是由一系列简单动作构成的,在日常生活中所表现出来的一切动作的统称,是对内外环境因素的刺激所作出的能动反应。

人的行为可分为外显行为和内在行为:外显行为是可以被他人直接观察到的行为,如言谈举止;而内在行为则是不能被他人直接观察到的行为,如意识、思维活动等,即通常所说的心理活动及其活动历程。一般情况下,可以通过观察人的外显行为,进一步推测其内在行为。

人的行为通常由 5 个基本要素构成,即行为主体、行为客体、行为环境、行为手段和行为结果。行为主体:具体而言是指具有认知、思维能力,并有情感、意志等心理活动的人;行为客体:人的行为目标指向;行为环境:行为主体与客体发生联系的客观环境;行为手段:行为主体作用于客体时所应用的工具和使用的方法等;行为结果:行为主体预想的行为与实际完成行为之间相符的程度。

据此,本书中的婴幼儿行为主要是指 0～3 岁的幼小儿童可以被他人直接观察到的行为,也包括一部分的内在行为。观察婴幼儿行为是理解婴幼儿的第一步,教师在观察婴幼儿时,可以通过直接观察其外在的活动,进而推知其内在的心理活动。

(二) 婴幼儿行为特征

婴幼儿是一个完整的个体,其行为也是以整体的方式呈现出来的。婴幼儿通过眼神、身体动作与手势、言谈举止、面部表情、活跃程度等方式与我们交流。他们通过自己的做事方式以及所做的事情来向我们展示他们的内心世界。[②] 婴幼儿有其独特的年龄心理特征、身体发展水平和行为方式,所以又有其行为发展特殊性的特点。

① 刘金花. 儿童发展心理学[M]. 上海:华东师范大学出版社,2021:12.

② [美]科恩. 幼儿行为的观察与记录(第六版)[M]. 马燕,马希武,译. 北京:中国轻工业出版社,2021:6.

1. 语言表达能力受限

婴幼儿期是语言发展的关键时期。婴幼儿只有学会使用语言准确地将自己的需求与想法表达出来，才能自由地与人交往。然而，婴幼儿的语言发展有个过程，由于受限于语言表达，往往受到误解，也势必影响观察者对其行为认知的充分性与完整性。

2. 肢体动作未完全分化

婴幼儿的肢体动作未完全分化，同样的肢体动作所要表达的需求并非一致。观察者必须深入了解其动作背景，决不能单纯地依靠其单个动作就对他们的发展作出评价。

3. 行为较多情绪化表现

情绪的产生常常受潜意识控制，婴幼儿的情绪更是如此。婴幼儿还不具备适度控制自己情绪的能力，我们常常会觉得孩子乖巧起来的时候像天使，发怒时又蛮不讲理，这正是因为他们过于情绪化。

4. 行为模式的独特性

世界上没有完全相同的两片叶子，同样，世界上没有完全相同的两个人。婴幼儿有自己独特的、个别的发展水平，所以我们要了解他们的个体差异，以客观的态度去观察每一个婴幼儿，有目的、有计划地认识他们，进行全系统的观察。

（三）婴幼儿行为的影响因素

从人类发展心理学的角度来说，影响人的行为的因素是多种多样的，概括起来可以分为两个方面：即外在因素和内在因素。外在因素主要是指客观存在的社会环境和自然环境的影响，内在因素主要是指人的各种心理因素和生理因素的影响，在这里主要是指各种心理因素，诸如人们的认识情感、兴趣、愿望、需要、动机、理想、信念和价值观等。而直接支配人的行为的则是人的需要和动机。

同样，婴幼儿的行为不仅与个体的身心状态有关，且与个体所处的周围环境有着密切的联系。影响婴幼儿行为的因素同样也包括内在因素与外在因素两个方面。

影响婴幼儿行为的内在因素主要是指自身客观存在的情况，比如身心发展水平、健康状况和认知风格、气质类型等这些受先天情况影响较多的因素。

影响婴幼儿行为的外在因素是指后天生活与学习中的环境和事件因素。主要有父母状况、亲子关系、出生顺序和兄弟姐妹等家庭因素；随着婴幼儿成长，还有师幼关系、同伴群体、托育机构环境等学习因素，电视、网络、电子游戏等大众传媒因素，等等。

既然人的行为是个体与环境相互作用的结果，那么在观察分析婴幼儿的行为时，就要同时看到两个方面的因素，不仅要深入了解婴幼儿个体自身的情况，还要全面地分析他们所处的特定环境，切忌想当然或一刀切。

三、婴幼儿行为发展的理论基础

掌握相关的婴幼儿行为发展理论，尤其是那些经过实践验证的经典理论，能够启发和指导教师确定婴幼儿行为观察的目的、明确观察的内容，并对观察的结果作出客观的解释，从而在活动中实施科学的指导。

（一）皮亚杰的认知发展阶段论

在儿童心理发展理论上，皮亚杰的理论是内因、外因相互作用的发展论。儿童心理发展的最初阶段（出生后头两年），皮亚杰称为感知运动图式。心理的发展就是通过外部刺激和图式的相互作用，即通过同化、顺应和平衡的机制而实现的。当外部刺激作用于主体时，外部刺激或现实的材料就被处理和改变，结合到主体的结构中去，或是说与现有的图式整合成为一体，这种对外部刺激输入的过滤或改变叫作同化。主体对外部刺激中的联系的意识程度，也取决于它当时存在的结构所能同化的程度。当主体的行为从各个人面去适应外界要求时，图式就得到丰富和改变。内部图式改变以适应现实，叫作顺应。

经过同化、顺应而达到暂时平衡,心理就得到发展。

表 1-1-1　皮亚杰关于婴幼儿认知发展阶段的阐述

发展阶段	年龄	主要发展
感知运动阶段	0~2 岁	这一阶段儿童主要是动作活动,开始协调感觉、知觉和动作间的活动,还没有学会表征(运用表象、语言或较为抽象的符号来代表自己经历的事情),智力活动还处在感知运动水平
前运算阶段	2~7 岁	这个阶段的儿童认知发展表现为以下三点:①以自我为中心,儿童认识周围的事物只能从自己的经验出发,还不能很好地把自己和外界区分开来;②不可逆性,突出表现为没有守恒概念;③相对具体性,儿童开始依靠表象思维,但是还不能进行具体运算

其中,客体永久性、心理表征(包含延迟模仿、分类、问题解决)等也是皮亚杰关于婴幼儿认知发展研究中的重要内容。

(二)埃里克森的人格发展阶段论

埃里克森认为人生发展可分为八个阶段,每个阶段都面临一系列危机或冲突。要想顺利进入下一个发展阶段,人就必须优先解决好当前所面临的危机。其关于婴幼儿社会心理发展阶段的阐述如下:

表 1-1-2　埃里克森的婴幼儿社会心理发展阶段

阶段	年龄	对立品质	发展重点
婴儿期	0~1 岁	基本信任对不信任的心理冲突	亲子关系是信任与不信任发展的主要力量
先学前期	1~3 岁	自主对害羞(或怀疑)的冲突	幼儿需要学习自我控制,建立自主感
幼儿期	3~6 岁	主动对内疚的冲突	幼儿需要保有自由与好奇心以掌握环境

(三)勒温的行为公式

德国心理学家勒温认为,人的行为是人的内在因素和外在环境相互作用的结果。当人的需要尚未得到满足时,个体就会产生一种内部力场的张力,而周围环境的外在因素则起到导火线的作用。按照勒温的观点,内在因素是根本,外在因素是条件,二者相互作用的结果产生了行为。根据这一观点,他提出了著名的行为公式。

$$B = F(P - E)$$

B 代表行为,P 代表个人的需要(内在心理因素),F 为函数,E 代表环境(外在因素的影响)

图 1-1-1　勒温的行为公式

(四)布朗芬布伦纳人类发展生态学理论

人类的发展究竟是如何进行的,不同的研究阶段有着不同的答案。从"自然成熟和成长"理论到与之相反的"学习能力"理论,再到"适应环境"理论,直到近年来出现了被广泛认同的理论,即认为是儿童自己主导着自己的发展,儿童的自身活动是他们个性发展的内在动力。也就是说,发展是在个体拥有天资的基础上,通过不断学习和对外界环境的适应,进行积极自我塑造的一个综合过程。在这个过程中,个体和环境相互影响、相互适应。

布朗芬布伦纳(Urie Bronfenbrenner)提出了"生态系统"理论,也被称为"雀巢"理论,他认为人的行为和发展是与其生活环境相互作用的结果。在此之前的心理学,对儿童心理发展过程的研究主要集中在某一特定环境下,针对儿童的某一特定行为进行实验或观察,有时为了使实验精确,常常对儿童的行为加以约束,或引导其产生某种行为。布朗芬布伦纳生态系统理论将"环境"的范围拓展得更宽、更复杂,不仅包括了儿童周围的环境,还包括了影响儿童发展的更大的社会以及文化环境。

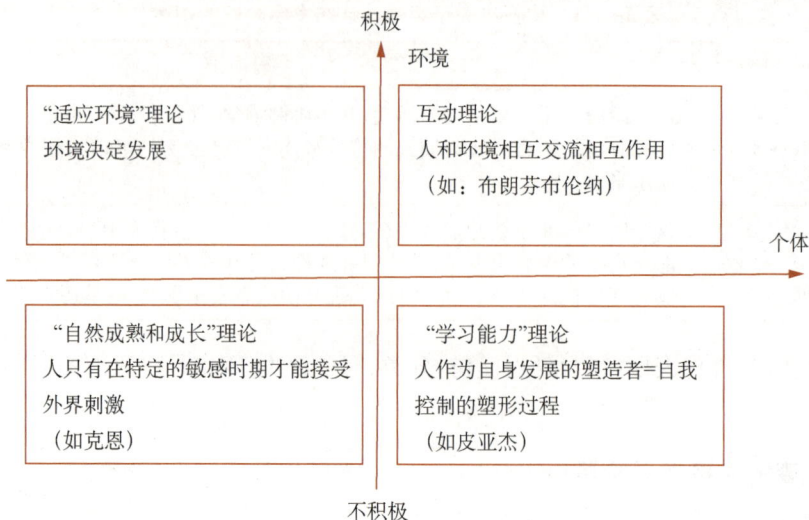

图 1-1-2　人类发展研究阶段理论成果

布朗芬布伦纳还强调了人的发展的动态性,他把时间和环境相结合来考察儿童发展的动态过程。他强调,因为人有主观能动性,儿童通过自己本能的生理反应来影响环境。随着时间不断推移,对环境的选择是个体知识经验不断积累的结果。

儿童发展的相关理论还有马斯洛的需求层次论、维果茨基"最近发展区"理论和弗洛伊德的精神分析论等,这里不再展开阐述。

拓展练习

一、阅读下面的案例,并回答问题。

[案例 1-1-2]　小冠和小东观察小金鱼

小冠和小东在活动室里玩的时候,发现大家养的小金鱼肚子翻在上面,还在鱼缸水面上漂着,看了半天也不动。于是,他们喊来老师,说:小鱼和之前不一样,老师告诉他们小鱼死了,然后用小网兜把鱼捞出来,询问他们应该怎么处理小金鱼。

小冠和小东又盯着捞出来的小金鱼观察了一会儿,小东一边用手指轻轻拨动小金鱼,一边说:"你看,它不动了。"老师说:"小金鱼死了,不会动了。你们觉得应该怎样处理它呢?"

"(把金鱼)放回(水里)去,(它)还能游。"小冠回答说。

问题讨论:

根据案例 1-1-2 所做的观察记录,结合皮亚杰的认知发展阶段论,分析小冠和小东应该处于哪个发展阶段。

二、阅读下面的案例,并回答问题。

[案例 1-1-3]　范范喜欢小伙伴来玩吗?

2 岁 3 个月的范范正在阳台上玩玩具,妈妈告诉他萌萌来了,要不要去给萌萌开门。萌萌是小姨家的小孩,和范范年龄相仿。范范听到后就放下手中的玩具,嘴里说着:"来咯,来咯。"他一路小跑到门口又立住,这时候妈妈提醒说:"快开门,快给小姨开门。"范范这才伸手垫脚去够门把手,拧开门之后往外一推,就看到萌萌和小姨已经站在门外了。范范看到两人之后,低着头边笑边跑回阳台躲了起来。这时妈妈对小姨和萌萌表示了欢迎,寒暄了一下,并讨论起中午吃什么。范范这才从阳台出来,他一路小跑到萌萌身边时又停下,张开手臂,在妈妈和小姨的笑声中又往后退了两步,打量起小姨。顷刻,他小声地说:"玩玩具,玩玩具。"妈妈接话道:"你想玩玩具啊? 一会儿,一会儿和弟弟(萌萌)一起玩玩具好吗?"同时,萌萌也扎进他妈妈的怀抱里。范范转头又想往阳台走去,手脚看起来有点局促地小幅度挪动着。小姨把萌萌抱到沙发上坐着,也接话说玩玩具,范范又转头去说:"给弟弟玩玩大挖机(挖掘机)。"小姨给萌萌脱去靴子和外衣,范范凑了上去轻轻地拍拍弟弟的两颊,拍完又退后了几步,接着一脸害羞地转身跑到妈妈身边,扑进妈妈怀里,埋起头。妈妈说:"哈哈哈,你不好意思了呀?"

问题讨论:

(一)根据案例 1-1-3 的观察记录,结合埃里克森的社会心理发展阶段,分析范范目前处于哪个发展阶段,该阶段的发展重点是什么。

(二)根据布朗芬布伦纳人类发展生态学理论,分析范范的行为,从个体和环境两个角度讨论如何更好地促进范范进行同伴互动。

任务二　婴幼儿行为观察与记录概述

微课 1-2
认识婴幼儿
行为观察

案例导入

[案例 1-2-1]　观察婴幼儿如厕行为

1 岁半到 2 岁的婴幼儿基本上可以自主控制、调节排尿和排便的肌肉,也开始意识到尿布脏了需要更换,要求穿内裤,或对浴室和厕所表现出积极的兴趣,这一时期是训练婴幼儿自己如厕的关键期。托育机构的小林开始观察班上的小朋友是否可以自己如厕,她使用检核表的方式来记录小朋友在如厕时的表现,这时候她是旁观者,尽量不影响婴幼儿的如厕行为。在她观察的时候,有些小朋友因为不会擦屁股来向她求助,小林老师就放下手中的表格和笔去帮助小朋友,这时候她近距离了解到小朋友的如厕情况,但是不方便勾选检核表,她不知道这种情况下应该如何完成记录。

问题思考:

在上面的记录中,记录者以观察者、半参与者的角度进行观察,并记录了托班婴幼儿如厕情况,也面临着不知道在参与婴幼儿活动时如何记录他们的行为的局面。

在教育教学实践中,教师很难只以一种身份进行观察,有时候需要作为观察者的教师介入,成为半参与者继续观察;有时候教师一边开展活动一边观察班级婴幼儿。教师在实际工作中可能会产生以下疑问:

作为观察者的教师,需要具有专门的专业素质与技能吗?

作为授课的教师,能不能同时担任观察者,开展参与式观察?

作为观察者的教师,能不能介入婴幼儿行为过程中? 如果能,如何介入?

记录要记哪些内容,其中能不能插入记录者的描述、解释,或主观评价?

任务要求

通过对婴幼儿行为观察的客观认知,在教育教学实践中树立观察是教师专业技能的意识。观察记录是开展婴幼儿行为指导的必要前提,明确哪些内容应该记录,哪些内容不需要记录,怎么做观察记录是本任务的学习重点和难点。

核心内容

一、认识婴幼儿行为的观察

(一)观察的概念与类别

观察是人们认识世界、获取知识的重要途径之一,也是科学研究的重要方法之一。观察是以视觉为主,融其他感觉于一体的综合感知,在感知过程中,人们对来自外部环境的刺激进行选择,主观介入,根据客观事实和主观想法,对信息进行思考和评估。由于主观的介入、思考与评估,观察也是一个非常主观的感知过程。

[案例1-2-2]   你这孩子,怎么喜欢打人呢![1]

观察对象:念念　　　年龄段/班:2岁/托班

观察记录:

实录一:妈妈送念念上托班的第一天,念念哭着不让妈妈走,妈妈走后他就一直大声哭,也不听别人劝说,只是一个劲地哭,在门口,有一个小朋友过来拉她的手,她却一把将小朋友推倒在地,该小朋友的奶奶见状赶紧拉起他,指着念念说:"你这孩子,怎么喜欢打人呢?"她就跟着一个老师进了教室,中途别的老师拉她都不让,一回到教室又哭个不停。

实录二:有一次所有小朋友出去玩耍,小朋友们一起手拉手排队出去,可是念念却不愿意拉小朋友,小朋友过去拉她,她也总是躲得远远的,出去玩的时候总是站在远远的地方看着其他小朋友玩耍。

实录三:有一次和小朋友在一起玩桌面游戏,她正在玩的时候,玩具掉了。六六过来给她捡起来,她以为小朋友抢她的玩具呢,伸手就掐了一下六六,我就问她为什么,她却什么也不说,只是看着我,我问六六怎么回事,六六说念念掐我。我把情况了解了一下。

实录四:有一次我们出去玩耍,她只是站在远处看着,不和我们在一块玩,从她的眼神中可以看出她想和小朋友一起玩,又觉得不好意思,我过去拉她的手,让她过来玩她也不去,她看着老师和小朋友一起玩也很羡慕,但是不知道以什么样的方式和小朋友相处和玩耍。

上述案例中,小朋友的奶奶看到自己的孙子被推倒在地,对念念作出"你这孩子,怎么喜欢打人呢!"的主观判断,也是在情理之中,也不需要对其判断负责任。而案例中进行观察记录的教师,则从不同场

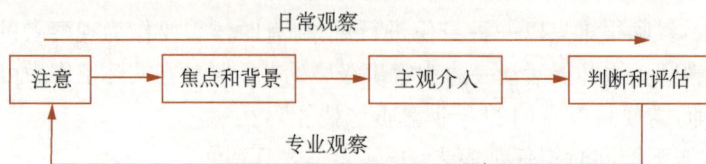

图1-2-1　观察的过程示意图

---

[1]　案例节选自第七届全国幼儿教师专业风采大赛——观察记录作品,编者对内容进行了改编。

景对念念持续进行跟踪观察,通过观察一名幼儿的特殊行为表现,分析其心理状态(评估结果指向:念念不知道该如何与小朋友相处,教师应据此进行有针对性的指导)。

观察分为日常观察和专业观察。日常观察一般是由好奇心或兴趣引起的,随意性较大,形成的判断是否准确不是非常重要,也不需要对判断负责任。上述案例中奶奶的观察与判断属于日常观察。专业观察是为了职业要求或科学研究而进行的,对观察者的专业水平有较高要求,对作出的判断和评估要承担专业责任,所以,专业观察是系统的、目的明确的、结构清晰的并且遵循事先制定的规则而进行的观察,往往是一个从注意到判断、评估循环往复的过程。案例中教师的观察是专业观察。

(二)婴幼儿行为观察的特点

观察与记录儿童的行为是培养和融合教师两大职责——"行动"与"反思"的源泉。[①] 教师是一个专业性职业,教师对婴幼儿行为的观察属于专业观察范畴。蒙台梭利曾说过,唯有通过观察和分析才能真正了解儿童内心的需要和个别差异,从而决定如何协调环境,并采取应有的办法来满足儿童成长的需要。教师对婴幼儿行为的观察具有以下特点:

① 教师对婴幼儿行为的观察是在自然条件下开展的,具有自然性。

② 教师在对婴幼儿行为的观察前需做好计划,具有目的性和计划性。

③ 教师在对婴幼儿行为进行观察的过程中需要收集多方面的信息,关系到幼儿发展的多方面,具有全面性。

④ 教师在观察过后,根据提前制定的标准进行系统的阐述和评估以更好地支持婴幼儿发展,具有教育性。

(三)婴幼儿行为观察的意义

观察是一种有目的、有计划地审察婴幼儿在日常生活、游戏、学习过程中表现的方法。婴幼儿的表现包括其言语、表情和动作等行为,还包括反映其心理发展的规律和特征的内在行为。婴幼儿不同于成人,成人常处于较为稳定的状态,可通过问卷调查法、测验法来获取他们一定时期内的基本情况或现有发展水平,而婴幼儿的发展水平会受到测验或测量当天身心状况、周围环境等因素的影响,不能够得出相对准确的测验或测量结果来评估他们的发展水平。而使用观察法,就可以在尽量不影响婴幼儿的情况下,获取比较真实的资料,还可以通过持续的观察获取更为全面的资料,视婴幼儿发展为一个全面的连续体,进而在此基础上把握婴幼儿的"最近发展区",因材施教,促进婴幼儿的发展,因此,观察法是探究婴幼儿心理活动最基本的方法。对婴幼儿行为进行观察具有一定的重要意义。

二、观察是教师的专业技能

观察能力即观察力,是指能够迅速准确地看出对象和现象的典型的但并不很显著的特征和重要细节的能力。观察能力是个人通过长期观察活动所形成的。观察能力的高低,直接影响人感知的精确性,影响人的想象力和思维能力的发展。

教师的观察能力是指在达到一定的婴幼儿教育专业水平的基础上,能根据自己对婴幼儿的动作、语言、表情等进行观察和分析,发现婴幼儿的身心变化、认知发展、情感需要等的能力。

观察总是带有主观的感觉、意愿和价值观念,要从专业角度观察婴幼儿发展,除了学会正确的观察与记录方法外,托育机构教师的基本态度至关重要。师德与专业态度是教师职业的基准线,因此作为一名托育机构教师,其师德与专业态度也就有了更高的要求。尤其是婴幼儿教师所面对的教育对象是身心发展迅速、可塑性大、同时易受伤害的婴幼儿,更需要师德高尚,具有良好的职业道德修养,要富有爱心、责任心、耐心和细心,热爱幼儿,并给予幼儿精心的呵护和教育培养,这些都是婴幼儿教师做好观察

---

① [美]科恩.幼儿行为的观察与记录(第六版)[M].马燕,马希武,译.北京:中国轻工业出版社,2021:1.

的基本素养。

《托育机构保育指导大纲(试行)》(2021)指出托育机构开展工作应遵循积极回应原则,即"提供支持性环境,敏感观察婴幼儿,理解其生理和心理需求,并及时给予积极适宜的回应"。教师应该在日常保育和教育活动中观察婴幼儿,根据观察到的婴幼儿的表现和需要,及时调整活动、给予适宜的支持与指导。由此可以看出,观察是教师的专业技能,观察能力是教师必须具备的重要专业能力之一。

三、学会写观察记录

(一) 为什么要写观察记录

记录不能只是停留在为了展示或者为了向家长提供信息的阶段,真正意义上的记录是要生成教育意义,这是记录的核心。教师对记录材料进行选择,将记录下来的观察信息背后的教育意义呈现出来,并赋予和生成新的教育意义。教师根据材料、环境或师幼互动方面的记录,通过反思、讨论和制定后续的课程设计,从而不断地改进和提高自己的保育、教育能力。

1. 从"记录"到"纪录"

从"记录"到"纪录"的转变,重要的是教师关注点的转移。"'记录'的目的是展示曾经发生过的事件,它的聚焦点是儿童发展的结果或者是教育、教学的最终成效,它所记录下来的信息是静态的。"[①]而"纪录"侧重于教师的反思,信息是"动态"的,让教与学更具意义。"'纪录'并不是对外在行为做客观的定量评定,也不是对某个行为项目进行简单的甄别,它关注的是行为的具体细节及其发生的情境,强调纪录者描述和解释的责任,希望能借由这种详尽的描述和解释来获取更多的关于儿童的信息,尤其是关于儿童内在的心理状态和变动过程的信息,它是一种非客观主义的评价。"[②]它是教师专业成长的有效途径。

在知识观上,"纪录"强调知识的建构性,教育意义的生成不是来自看到的或观察到的,而是通过观察者对"记录"的意义构建,通过解释活动呈现出来的。托育机构没有搞清"记录"的目的与意义的情况下,要求教师大量地去做"记录",只会劳而无功,还凭空增加了教师的负担。

为了遵循通用性和习惯性,本书通篇仍然沿用"记录"一词,但是,无论是价值观还是具体的观察记录实践都应该转变策略与方法。

2. 记录搭建了反思促发展的平台

辩证唯物主义认识论认为,由感性认识上升到理性认识,是认识运动的第一次飞跃,只是认识的一半,更重要的是从理性认识再回到实践中去的第二次飞跃,把理论用于指导实践,才能使之得到检验,得到丰富和发展。

记录的目的也在于此。通过对教学过程的观察和纪录,教师能清晰地看到在一定教学情境下的师幼互动,为自身反思搭建了一个有价值的平台;通过这种理论和实践之间的来回追溯,教师的专业能力和水平不断得到提升。

3. 记录打通了多方对话的立交桥

在学前阶段(主要是3~6岁的早期教育阶段),相关政策与学者都认为应家园社协同共育,多方形成合力共同促进婴幼儿发展,这对我们0~3岁的婴幼儿教育也有一定的启示。同时,参考布朗芬布伦纳的人类发展生态学理论,婴幼儿的发展受到由家庭、托育机构/学校、教师、社区、邻居组成的微观和中观系统的影响。当主要关注婴幼儿发展的多方通过教师的记录及时了解婴幼儿的发展,并在此基础上形成互动的教育、保育形式,将能更好地服务于婴幼儿的发展。

(二) 应该记录什么内容

布朗芬布伦纳的人类发展生态学理论认为,人的行为和发展处于一个相互联系、相互影响和相互作

---

① 朱家雄. 黄绿相间的银杏叶[M]. 上海:上海教育出版社,2020:227.
② 同上书,229 页。

用的稳定的生态系统之中；勒温认为，人的行为是人的内在因素和外在环境相互作用的结果。所以，我们将人的行为定义为"内外环境因素刺激所作出的能动反应"。这一切都表明，观察记录下的婴幼儿行为是情境化的，是一个个具体情境下的实例。那么，我们要记录的内容应该是"能串联起来说明某个情境的，是应能构成一个整体的"特定情境下的行为[①]。

1. 既要记外显行为，也应留意内在行为

正如任务一中所说，人的行为可分为外显行为和内在行为。一般情况下，可以通过观察人的外显行为，进一步推测其内在行为。往往内在的思维能真正反映行为主体的真实动机。

在案例1-2-2的实录四中，老师提到：有一次我们出去玩耍，她只是站在远处看着不和我们在一块玩，从念念的眼神中可以看出"她想和小朋友在一起玩，又觉得不好意思""她看着老师和小朋友在一起玩也很羡慕"，得出"不知道以什么样的方式和小朋友相处和玩耍"的判断。由此可见，教师对婴幼儿内心活动的判断和记录对后续的指导起到至关重要的作用。

2. 聚焦观察点，而不是"行为流"

教师每天看到的和听到的东西太多，让观察变得更加聚焦，排除无关信息的干扰，就会起到事半功倍的效果。如果教师像记流水账一样，记录的只是大量的"行为流"，会不堪重负，还会使观察失去意义。

在案例1-2-2中，虽然出现了入园第一天的园门口、排队玩耍、桌面游戏和出去玩耍等四个场景，但是都聚焦在互相交往的情境，聚焦于一个小朋友身上，聚焦于婴幼儿交往能力上。

3. 记录过程而不是结果

传统的记录只是关注婴幼儿发展的结果，展示给家长看的只是一些无声的作品，从而忽视了婴幼儿发展或学习的过程。过程是动态的，能够反映婴幼儿发展的历程，代表着行为发展的方向，是有生命力的。成长无休止，教育无止境，只有在过程中才可以赋予教育意义。结果只能用来展示，是静态的，虽然能反映婴幼儿的一定发展水平，却反映不出其缺点与不足产生的真实情境，有可能误导后续的教育。

（三）怎么做观察记录

1. 固定化、客观化向选择模式的转变

依据托育机构保育、教育实际，参考新课程改革要求记录从强调追求统一化、固定化，不带"偏见"的客观性模式，向强调教师自己需要选择的模式转变。教师每天会看见、听见很多教育教学中的信息，教师要作出有效的选择，选取具有教育意义的行为，绝不是流水账式的全面记录。当然，教师在记录时要尽可能地减少主观臆断，如先入为主、用"有色眼镜"将婴幼儿的行为对号入座等。

教师首先要确定立场，即根据教育价值取向，确定信息选择的大方向；其次，根据这一方向，再在实践中捕捉会产生教育意义的信息。如在案例1-2-2中，教师选择婴幼儿社会交往能力这一大方向，然后从四个不同场景收集了念念的一系列行为表现。

2. 技术性、标准化向描述性解释模式的转变

传统的记录要求，是一再强调还原行为的本来面目，认为标准化就是代表科学性，设计出一套套标准的模板，教师只会生搬硬套，依葫芦画瓢，进行一些刻板的记录，极力排除记录者的主观因素，从而走向了技术性的统计模式，然后由解读者对记录材料进行教育意义的"被赋予"，这样就偏离了记录的本真意义。

生成教育观下的记录，强调"情境化的意义"，记录是生动的、活生生的信息。教师根据一定情境下的婴幼儿的行为，挖掘并生成其中的教育意义，关注点聚焦于过程，而不只是结果。

3. 新记录模式下如何做好观察记录

实践中，教师在做记录时会遇到一些难题，比如，由于需要处理日常繁重的教学事务，有些婴幼儿有意义的行为或表情稍纵即逝，有些教育灵感会事后忘却，总是感觉到记录的时机不好把握。那么，如何把握记录时机呢？我们要有聚焦自己想要记录的内容这一意识。至于时间，与婴幼儿在一起时、事件结

---

① 朱家雄.黄绿相间的银杏叶[M].上海：上海教育出版社，2020：231.

束后、事后反思等时间都可以。在建构主义课程观下,教师也要学会从具体事务中抽身出来,留出时间,边观察边记录。随着现代技术的发展,记录的工具呈现多元化,我们可以选择不同的形式加以记录,建议教师尝试以下几种最常用形式,高效地完成记录。

(1)即时记录

这是一种比较有效的记录,也就是现场记录婴幼儿的行为表现和观察者的一些临时感悟与发现。教师可以采用一些速记的方法或用一些自己熟练掌握的符号,甚至搭配一些设计好的表格进行记录。在记录时,教师要聚焦问题点,或者聚焦一个婴幼儿。

[案例1-2-3]　听故事的小凯

小凯是班级里比较"突出"的小朋友,在之前的自由游戏时,他常表现出攻击性,比如突然拍散朱老师面前的大块积木,也在集体活动的时候走来走去。最近一段时间,朱老师都在尝试用明确清晰伴有手势指示的沟通方式来教育小凯。午后,朱老师想让小朋友们安静下来,来听她讲一个故事。她希望孩子们能够围坐在她周围的地垫上。这时,小凯还在旁边地板上躺着玩抱枕,朱老师尝试把小凯叫来,与他进行沟通,并在手边的小本上简单记录小凯的表现如下:

K 听话起

我-拉手,找垫,比画

K 点头找

坐下听

集体活动后,朱老师迅速补充完整自己的记录:小凯听到我喊他过来听故事的话,从地板上起来,走了过来。我拉着他的手,用清楚的话并伴随着手势比画"坐垫"告诉他要坐在自己的小垫子上,请他找自己的小垫子。小凯明白了我的话,点头,表现出配合的表情开始找自己的坐垫。找到后就坐下来准备听故事了。

这是一则即时记录。教师的观察点聚焦于一个婴幼儿,聚焦于在与他沟通时他的表现。

(2)概要式记录

概要式记录是一种记录婴幼儿短时间内有较多行为时比较省时的方法。这种方法是对婴幼儿的所作所为进行概括,聚焦于婴幼儿的具体发展领域,只需要记录要点,不需要记录婴幼儿言行的每一个细节。

[案例1-2-4]　对豆豆(8个月)的记录

儿童姓名	豆豆	儿童年龄	8个月
时间	11:30—12:00		
观察记录	午餐时间到了,豆豆坐在宝宝餐椅上,食物和水放在豆豆餐桌上,一起进餐的还有两个小朋友。豆豆每次都是吃了一会儿,就将自己的食物往隔壁桌的幼儿餐桌上放。		

这是一则概要式记录。概要式记录的关键点在于进一步聚焦,聚焦于被观察婴幼儿的具体行为和动作。在案例1-2-4中,观察者只记录幼儿将自己的食物放在隔壁幼儿的餐桌上,至于他在这一段时间内的行为发展的具体过程及详细顺序等细节没有记录。具体细节可以在后期整理过程中,进行一定的补充与完善。

(3)跟踪记录

由于婴幼儿行为不同于成人,行为模式还不稳定,又容易受多种因素的影响,情绪容易波动,有时会做出让成人捉摸不透的行为,经常发生一些始料不及的事件。因此,需要对其行为进行连续观察,形成跟踪记录。另外,为了全面掌握婴幼儿的成长,跟踪观察甚至会持续很久,随着婴幼儿一天天长大,不同年龄的婴幼儿又有不同的观察侧重点。所以,跟踪记录显得特别重要。

[案例1-2-5]　爱扔食物的小安

小安是一个8个月的小宝宝。我作为刚进班的实习生,经常发现小安在进食期间扔掉桌上的食物。

有的时候,小安并不是看着餐桌前的食物,而是看着其他地方,但是她的小手却不停地将餐盘里的食物弄得桌面上到处都是,然后碾碎,看着老师向她走过去的时候,她的脚开始不停地摇晃;还有的时候,小安整个身子侧靠在安全椅的一边,手握着水杯的手柄,手臂自然垂落在安全椅的左边,歪着头看着一个地方发呆,等老师快要走到她面前的时候,她就松手让水杯掉下来。老师对着小安说:"小安,你怎么了?不喜欢喝水吗?"此时,小安不停地咯咯笑。我想要了解她为什么会有这样的行为,她在看什么。

于是,午睡过后,教师开始给小安等三个醒来的婴幼儿分配食物,从小安母亲准备好的午餐包里面取出了食物,小安看了看别的小朋友桌上,然后拿着一颗蓝莓,突然侧着身子丢在地上,嘴里挤出一个词"吃",我看着地上,还是不懂。接下来,小安喝水的时候也仍然会用手握着水杯的手柄,整个左手臂垂落在安全椅的左边,歪着头看着一个地方,像是在等待什么,等老师向小安走去,她又开始咯咯地笑。带着疑问,我向主班老师求助。主班老师表示不清楚,可能是因为好玩。

两天后,我们去小安家家访,我主动与小安父母聊天,想要了解小安在家是否也有类似的行为。小安的父母听完我的描述告诉我:"因为家里只有只小狗,常常会在小安身边,有的时候,小安吃东西,狗在她身边,小安会将食物丢给狗吃;有的时候,我在厨房做饭,小安坐在餐椅上,狗狗也会在她身边,偶尔我会看到狗吸小安杯里的水,小安觉得好玩,就主动垂下手臂把水给小狗喝。小安可能是习惯了,也觉得好玩。"

跟踪记录可以全面地掌握婴幼儿行为的前因后果,保证观察的完整性。在这一篇跟踪记录中,教师为了进一步对小安进行指导和教育,做到有的放矢,采取的是持续的观察与走访。

(4) 清单式记录

清单式记录是一种快捷有效的记录方式,教师可在忙碌时,聚焦一些重点问题,随手记下关键词,不需要写完整的句子,这种方法尤其适合记录婴幼儿所说的话,以及与问题点有关的一系列活动。

如,案例 1-2-5 可以采用以下清单式记录:

小安,8 个月,经常在进食期间扔掉桌上的食物;

小安整个身子侧靠在安全椅的一边,手握着水杯的手柄,手臂自然垂落在安全椅的左边,歪着头看着一个地方发呆;

嘴里挤出一个词"吃";

喝水的时候她仍然会用手握着水杯的手柄;

歪着头看着一个地方,像是在等待什么,等老师向小安走去,她又开始咯咯地笑;

在家时,小安吃东西,狗在她身边,小安会将食物丢给狗吃,偶尔我会看到狗吸小安杯里的水;

小安可能是习惯了,也觉得好玩。

清单式记录关键是把握记录对象的行为,通常由 5 个基本要素构成,即行为主体、行为客体、行为环境、行为手段和行为结果,在后期整理反思时,可以帮助唤起观察者的记忆。

(5) 作品记录

作品记录一般是指记录儿童的手工作品、绘画作品等,在 0~3 岁的婴幼儿时期,主要是指可以拿笔、握笔之后的涂鸦作品、手指画等。婴幼儿具有成人往往没有预料到的想象力和创造力,其作品也别具一格。但作品是静态的结果,往往体现不出其创作过程,教师可以采用摄影、录像等方法记录其创作环节和进程,哪怕是一个细小的动作,就可以让其作品活起来,提升其教育意义,为下一步精准指导提供适宜的支持。

拓展练习

阅读下面的材料,并回答问题。

[案例 1-2-6] 几位教师对观察与记录的看法

A:"我负责教 3 岁的儿童。带着明确的目的去观察儿童,要求我依据(观察到的)过程导向的思路来规划学习环境,这使得我有时间全神贯注地观察儿童,把那些应记录的事情全记录下来。"

B:"我认为,观察记录可以确保我做的事情就是我想要做或正在为儿童做的事情。在我确信每名儿童都有机会按照自己的速度进行学习后,我会利用观察记录来判断儿童是否达到了相应的儿童早期学习标准或者是否正朝着目标发展。我总是在跟随儿童的兴趣,满足儿童的个体发展需要。"

C:"观察是我为什么这样了解儿童的重要原因。我了解他们的个性,他们是怎样和朋友相处的、什么时候以及怎样做才会让他们感到舒服(如和朋友一起玩游戏、自己玩游戏),他们完成任务时的专注力和坚持性如何,他们的语言和词汇水平如何,他们的数学和计算能力如何等,这些都有助于我从儿童的个体发展角度和群体发展角度制订最适宜的课程计划。"

问题讨论:
1. 根据上述材料,说明婴幼儿行为观察的特点。
2. 根据婴幼儿行为观察的意义,结合材料说明观察记录与课程设计的关系。

任务三 基于观察的婴幼儿行为指导

微课 1-3 婴幼儿行为指导的原则

案例导入

[案例 1-3-1] 爬行对婴幼儿的重要性①

观察名称	爬行对婴幼儿的重要性		教师	萨莉
观察对象	淳淳		年龄段/班	10个月/早教班
观察时间	2022年6月11日			
观察背景	10个月的淳淳还不太会爬行,按照七坐八爬的生长发育过程,淳淳的大运动偏弱了。淳淳的父母都有早教意识,推崇科学带养孩子,想通过专业的早教课程来帮助孩子达到10个月孩子该有的能力			
观察目的	通过相关课程锻炼孩子手臂力量和腹部力量,四肢协调,学会爬行			
观察描述	图 1-3-1 淳淳在练习爬行	实录一:刚开始来早教中心的淳淳表现得很外向,看到任何陌生的老师都不紧张,这一点和爷爷奶奶的性格有关,爷爷奶奶平时人缘好,喜欢带着孩子和陌生人聊天。指导老师观察到爷爷奶奶喜欢一直抱着孩子,其他大孩子靠近时,奶奶就小心翼翼地呵护着孩子,生怕他被大孩子碰到。淳淳看到喜欢的玩具很想去拿,但是爬不过去,就看看大人,嘴巴哼哼(向大人示意,大人就帮忙拿了过来),玩具就得到了。 实录二:活动过程中,指导老师通过感统器材设置了好玩的游戏闯关,淳淳在这个环境中非常开心。但是因为手臂力量不足,爬行起来特别费劲,玩游戏的时候淳淳很容易就放弃了,也不感兴趣。		

① 案例来源:常州市新北新爱婴国际早教观察记录,编者进行一些改编。

（续表）

案例 分析 与反思	分析： 　　从以上实录中,可以了解到淳淳在家庭中主要由爷爷奶奶带养,他们对孩子过分呵护,喜欢一直抱着孩子。又担心孩子爬的时候衣服弄脏了或身体碰伤了,总是把他放在学步车里,他不用爬就会迈步走路,不给孩子爬的机会,孩子自然就不会爬。 　　爬行是人类个体发育过程要经历的重要环节,对婴儿的身体和智力的发展具有特殊意义。因为在爬行中婴儿的脑神经、运动神经、肌肉和骨骼得到发展,探索欲获得满足,为其健康成长奠定了基础。一般家长在婴儿七八个月时就会更为关注婴幼儿的爬行,会增加一些相关锻炼。若一岁的孩子还不会爬,对他的正常发育就有一定影响,这时父母千万不要图省事,务必给孩子训练爬行的机会。
案例 措施	**家庭指导方法一:** 　1. 宝宝趴在地上或床上。 　2. 一个人在宝宝前面,一个人在宝宝后面。 　3. 前面的人牵宝宝的右手,后面的人就推宝宝的左脚。牵宝宝的左手时,就推宝宝的右脚。 **家庭指导方法二:** 　　妈妈躺在床上,宝宝趴在一边,爸爸在妈妈的另一边,爸爸牵宝宝右手,妈妈推宝宝左腿。反之亦然,协助宝宝从自己的那边爬到爸爸这边来。 　　**小贴士:**这两种方法都要先训练宝宝向前的感觉,父母要耐心,经常帮宝宝练习。多次训练后,宝宝就能自己朝前爬了。每次练习成功后,父母要给宝宝鼓励或奖励,以保持宝宝对爬行的热情。 **家庭指导方法三:** 　　让宝宝趴在床上,用毛毯兜住宝宝的胸腹部,爸爸把毛毯提起,妈妈推动宝宝左手、右脚,前进一步后,再推动宝宝右手、左脚,交替进行,训练宝宝手、膝协作爬行。在训练中要注意让宝宝适时休息,并要多给宝宝鼓励。可以在目的地摆放宝宝喜欢的玩具或物品,促使宝宝努力往前,并保持对这个练习的兴趣。
观察 记录 小结	经过半个月的教师和家长的合作,淳淳可以手臂支撑起来爬行了。腹部力量还稍弱一点,只能匍匐前进。所以指导老师建议:让宝宝趴着,然后父母可以用手轻轻托住宝宝腹部,或者在宝宝前胸部放置卷成圆筒状的毛巾被等,让宝宝胳膊伸直,上半身直立起来,每次5～10分钟。这样可以帮助宝宝锻炼整个上半身的力量。

问题思考:
1. 什么是婴幼儿行为指导,具有哪些价值?
2. 结合案例,谈谈你对婴幼儿行为指导原则是如何理解的。
3. 从对淳淳行为的指导策略中,你受到哪些启发?

任务要求

　　结合上述案例,一方面,理解婴幼儿行为指导的内涵和实施步骤,厘清婴幼儿行为指导与行为观察、原因分析的关系;另一方面,在婴幼儿行为指导的原则指导下,掌握如何实施科学有效的指导策略与方法,以实现婴幼儿行为指导的价值追求。本部分的重点任务是掌握婴幼儿行为指导策略。

核心内容

一、婴幼儿行为指导及其价值

(一)婴幼儿行为指导

　　婴幼儿行为指导是指成人对婴幼儿发展过程中表现出来的行为进行塑造、支持和干预、矫正等教育方法和策略的过程。婴幼儿行为指导不仅是对不良行为进行干预和矫正,也包括对良好行为的塑造、鼓励和支持。

从婴幼儿教育角度来说,在托育机构指导与干预的主体主要是受过专业教育和训练的专业教师。教师在对婴幼儿开展行为指导时,往往是建立在专业观察的基础上。具体实施步骤如下:

图 1-3-2　婴幼儿行为指导实施步骤示意图

(二) 婴幼儿行为指导的价值

通过对幼儿行为的指导,帮助幼儿发展良好的社会性行为,克服和减少不良的社会性行为,引导和影响婴幼儿行为朝着健康人格的方向发展,促进婴幼儿情感、态度、能力、知识、技能等方面的发展。

1. 促进婴幼儿养成良好的行为习惯

良好的行为习惯对于婴幼儿身心发展都至关重要,行为习惯培养在婴幼儿时期就开始效果更加显著。更早以前,教师在婴幼儿教育实践中往往只重视一日常规的教学与管理,而忽视对婴幼儿行为的观察与指导,这是不利于婴幼儿良好行为习惯的形成的。

2. 促进婴幼儿认知和情感发展

积极的情感和态度是个体持续发展的内在动力。激发婴幼儿的内在发展动力,是教育与指导的根本目的,在具体实践中,一方面,要通过鼓励和支持唤醒其主体意识。另一方面,要通过指导,在潜移默化之中塑造婴幼儿的独立、自制、专注、遵守秩序、合作的精神等品质。不惧怕、不回避婴幼儿的问题行为,科学地进行干预,矫正其攻击、反抗、违纪、焦虑、抑郁、孤僻、退缩以及各种身体不适等消极的问题行为和表现,促进婴幼儿的情感朝积极方向发展。

3. 促进婴幼儿行为能力的发展

从能力的角度来看,最根本的能力是自我发展的能力,能力是在获取知识的过程中逐步培养起来的。从行为技能发展来看,必须强调婴幼儿主动建构知识的过程体验,强调婴幼儿在建构知识的过程中体验认知结构的经历。婴幼儿行为指导的目的是启发智慧、点燃起智慧的火花,进而逐步增强其行为能力。

另外,从婴幼儿教师职业能力发展角度来说,婴幼儿行为观察与指导是其专业能力提升的有力途径。

二、婴幼儿行为指导的原则

婴幼儿行为指导的原则是根据婴幼儿身心发展规律和婴幼儿行为指导的性质决定的,也是在教育实践中总结出来的一些基本原则,对实施婴幼儿行为观察与指导具有一定的指导意义。根据《3岁以下婴幼儿健康养育照护指南(试行)》《幼儿园教育指导纲要(试行)》和《中国儿童发展纲要(2011—2020年)》,婴幼儿行为指导主要有以下几个方面的原则。

(一) 发展的可持续性原则

近几十年,脑科学、生理学及心理学等领域的研究成果表明,婴幼儿早期经验与未来发展之间有着密切的关系。对婴幼儿行为进行科学的教育与指导,培养其终身受益的品质,为其后继学习和终身发展奠定基础,具有潜在效应和长远效应。

在指导实践中,一方面要注重指导的即时性与适宜性,婴幼儿行为发展有着一张自然展开的时间表,每一段时间内都有其相对稳定的发展特征,我们要遵循婴幼儿身心发展规律,实施有效的教育与指导;另一方面,婴幼儿只有通过反复地实践和练习才能使积极行为成为其稳定的、内化的、可迁移的行为,因此我们要遵循婴幼儿行为发展的渐进性,科学规划,将其消极的问题行为视为发展过程中的问题来应对。

(二)发展的全面性和差异性原则

全面性就是要围绕培养全面发展的儿童这一目标,既指个体发展的全面性,满足婴幼儿多方面发展的需要,又指培养对象的广泛性。使每个婴幼儿都能得到发展。一方面,不能过早地划分婴幼儿各领域的发展而使其只获得单一方面的发展;另一方面营造公平环境,确保婴幼儿不因户籍、地域、性别、民族、信仰、身体状况和家庭财产状况等受到任何歧视,享有平等的权利与机会。

差异性就是要"关注个别差异,促进每个幼儿富有个性地发展"。婴幼儿个体差异主要表现在发展水平、能力倾向、学习方式和原有经验等四个方面。当今发展系统论认为个别差异是"发展的多样性",是人类生命历程特有的表现,是人类发展的重要财富。[①] 在对婴幼儿实施指导时,教师要创设一个丰富多样的、多功能、多层次、具有选择自由度的环境,以最好的方法满足婴幼儿个体发展的需要,使其发展达到最优状态。

(三)发展的主体性原则

从建构主义角度来说,对婴幼儿行为的教育与指导重在激发婴幼儿的内在动力,唤醒其主体意识。要创设宽松自由的环境,从兴趣和需要出发,引导幼儿主动参与、自主选择,发挥其主观能动性。

主体性原则的基本含义包括两个方面:一是以增进婴幼儿心理健康为目的,一切指导的内容和形式都是根据其不同年龄特点设计、组织和安排的;二是指导的内容和形式,唯有为婴幼儿所喜闻乐见、所认可、所接纳、所内化,通过婴幼儿的主体活动,才能充分调动他们的积极性和主动性,才能形成其智慧和潜力,从而形成健康的、积极的行为品质。

(四)预防和矫正相结合的原则

预防与矫正是婴幼儿行为指导的两个重要功能。教师要具有指导的意识与敏感性,能够及时把握或创造婴幼儿行为塑造与矫正的时机。在充分观察与分析的基础上,发挥指导的预防功能和矫正功能,引导婴幼儿学会以合理的、有效的方式满足自己发展的需要,形成对学习、生活和社会环境的良好适应能力,使潜能得到最大的发挥。教师既不能忽视预防功能,也不要忽视矫正功能,对婴幼儿的一些问题行为给予适当的矫正,必要时需要运用一些常规的矫正技术。

(五)教育与干预并举的原则

教育与干预并举的原则,就是要以发展的、生态的、顺应婴幼儿发展规律的策略应对婴幼儿可能出现的行为问题。作为学前教育工作者,要站在教育的视角来干预婴幼儿的行为问题,当婴幼儿出现行为问题时,我们首先应该审视的是我们的教育,干预的策略其实就是教育的策略,它不同于医学和心理学临床中的技术层面的干预。

三、婴幼儿行为指导的策略

在婴幼儿行为指导的价值导向下,以婴幼儿行为指导原则为依据,通过多年的行动研究,在实践中我们总结出以下策略。

[①]　刘金花. 儿童发展心理学[M].上海:华东师范大学出版社,2021:6.

（一）师幼关系融洽策略

婴幼儿进入托育机构是走向社会的第一步，会对集体生活有诸多的不适应。因此，拉近教师与婴幼儿之间的情感距离，建立融洽的师幼关系，是婴幼儿发展行为能力的保证。融洽的师幼关系使婴幼儿产生安全感，有助于婴幼儿形成乐群、合作、友爱的良好个性品质，有助于其适应不断变化的环境，这一过程也正是婴幼儿社会化发展的过程。

"学习环境中富有情感并且是正面引导的方法能培养儿童的建设性行为。如教师良好的语气以及运用正面引导的方法来鼓励预期的行为，仅此两种方法，就构成了几乎所有学前教育方法所提倡的教师策略的关键。"[①]这是早期儿童研究文献中最为一致的观点之一。淡漠和恶化的师幼关系是导致婴幼儿发展过程中出现各种问题的重要原因。教师要在主观上树立培养融洽的师幼关系意识，并作为指导婴幼儿行为的主要策略，用和蔼可亲的态度，和风细雨般地与婴幼儿平等对话，使用抚摸、拥抱等亲密的身体语言等，都是建立融洽关系的有效方法。

（二）"家""托"合力策略

影响婴幼儿行为的产生和发展的因素是多方面的，除了其自身的生理和心理发展特点、气质类型等内在因素外，家庭、同伴、社会等外在因素也会造成很大影响。尤其是家庭因素更为突出，父母的教养方式、家庭氛围、家庭结构等都是重要的因素。不良的家庭因素会导致婴幼儿很多问题行为，过度溺爱导致婴幼儿自私、任性、易冲动；过度干预导致依赖、软弱、说谎；不和谐的家庭氛围导致冷漠、自卑、孤僻、攻击性；隔代抚养、单亲离异家庭导致自制力差、逆反心理；等等。

家庭和托育机构是一对天然的合作单位，在合作中双向驱动，形成合力，是婴幼儿行为观察与指导的决定性力量。高效实施、密切配合、合理分工，帮助家长转变观念，共同为婴幼儿健康成长搭建充满阳光的桥梁。

（三）行为塑造策略

行为塑造策略是指教师根据婴幼儿现状为其设定一个行为发展目标，围绕此目标开展科学的观察与指导，使之不断趋近并最终达到该目标的一种行为指导策略。在实践中，科学设定目标，向着目标一步一个脚印，既不能操之过急，也不要进展缓慢。依据行为塑造理论，在实际指导过程中多数采用正强化的方法。当然，根据婴幼儿具体的行为特征，我们还可以使用其他行之有效的方法，如强化、消退、惩罚等行为调控方法；游戏矫正法，教师通过创设针对性的游戏情景，使婴幼儿建立积极的行为，矫正消极的行为；标记性表扬，让婴幼儿明白为什么得到表扬，强调表扬的针对性；同伴中介法，充分发挥婴幼儿群体的榜样与示范作用等。这些方法的具体运用会在以后的模块任务中具体展开。

以上主要是从影响婴幼儿行为的外在因素提出的相关策略，无论如何，调动婴幼儿自身的积极性，发挥其主观能动性才是行为指导的根本策略。

拓展练习

一、阅读下面的材料，并回答问题。

婴幼儿的"自虐"行为通常包括摇头、撞头、打头、打滚、掐自己、抓头发、扯耳朵等，不同年龄段婴幼儿有不同的表现。

大多数的自虐行为在4岁以后会逐渐消失，但若4岁之后仍持续发生，导致身体受伤，语言、心智发

---

① ［美］芭芭拉·鲍曼，苏珊娜·多诺万，苏珊·勃恩兹.渴望学习［M］.吴亦东，等译.南京：南京师范大学出版社，2005：39.

展迟滞,或者发生过于频繁,又或是经常无缘无故自虐且无法停止,就需要警惕是否存在头部疾病,或者个性和情绪问题。那些轻度智障或轻微自闭症的孩子,也会有同样的行为。

[案例1-3-2]　多多的异常行为[①]

多多1岁3个月大,自周岁断奶以来,一直住姥姥家,与爸爸妈妈聚少离多。最近父母发现,只要她的需求得不到满足,她就会大喊大叫,随手拿起身边的物品就使劲咬,还会做出类似"自虐"的行为:狠狠地咬自己的手指,用手抓自己的脸,撕自己的嘴,用头撞墙。

问题讨论:
根据多多的行为,说说你对教育与干预并举原则的理解。

二、阅读下面的材料,并回答问题。

材料一:

[案例1-3-3]　班杜拉的波波玩偶实验[②]

波波玩偶实验是美国心理学家阿尔波特·班杜拉于1961年进行的关于攻击性暴力行为研究的一个重要实验。他在1963年和1965年又继续对此专题进行深入研究。

他分别让三组幼儿园的幼儿看部结尾不同的电影,在这部电影中幼儿看到一个成人拿着球棒打一个充气塑料玩偶(称为波波玩偶)。玩偶被打翻在地上后,成人坐在它身上用东西砸它,嘴里还说一些攻击性的语言。第一组幼儿看到的结尾是另一个成人走进房间,为第一个成人的表现而奖励他一些糖果。第二组幼儿看到的是成人因为攻击性行为而受到了斥责,并被扇了一巴掌。第三组幼儿没有看到任何奖励,也没有看到什么惩罚。

看完电影后,实验者让幼儿与波波玩偶玩,成人用来攻击玩偶的工具也就放在房间里。班杜拉观察并记录下了幼儿的行为:看到成人被惩罚的那组幼儿比其他两组幼儿更少表现出攻击性行为。看到成人被奖励的那组幼儿与既没有看到奖励也没有看到惩罚的幼儿则模仿成人的行为,表现出更多的攻击性。通过这个实验,班杜拉发现,攻击性榜样通过两种方式影响幼儿:首先,它教给幼儿新的攻击方式;其次,它增加了幼儿以各种方式攻击的次数。

结合材料,说明如何运用行为塑造策略进行婴幼儿行为指导。

材料二:

[案例1-3-4]　教师和幼儿乔纳森的互动记录[③]

当乔纳森激动地爬到桌子上面的时候,教师生气地大喊:"从桌子上下来!"他迅速跳下来,一脸惊讶的表情。教师迅速地组织了一个圆圈游戏,乔纳森也参加了,他一直非常小心地盯着教师。当教师看他的时候,他小心地避开教师的目光。玩了一会儿之后,孩子们变得焦躁不安,要求唱歌。唱完第一段"你要唱首歌,我要唱首歌"之后,教师问有没有人知道另一段。乔纳森说:"你咬我,我咬你怎么样?"唱完那一段以后,他建议把"咬"换成"打"。"你今天很生气,是吧?"教师问。乔纳森看着老师回答说:"不,是你心情不好,不是我。"教师微笑着亲切地说:"你看,你是对的。你是怎么知道的?""因为今天你已经大喊大叫很多次了。"他回答说。然后他走过来,开始咯吱老师。教师大笑起来,说:"你正在让我远离坏

① 梁爱民.0~6岁婴幼儿行为指导全书[M].长春:吉林科学技术出版社,2010:200.
② 侯素雯,林建华.幼儿行为观察与指导这样做(第二版)[M].上海:华东师范大学出版社,2019:60.
③ [美]科恩.幼儿行为的观察与记录(第六版)[M].马燕,马希武,译.北京:中国轻工业出版社,2021:97.

心情。"

结合材料,说明如何运用师幼关系融洽策略对婴幼儿行为进行指导。

项目小结

本项目通过呈现一系列案例的分析,期望学习者掌握婴幼儿行为、婴幼儿行为观察和婴幼儿行为指导等核心概念。在一定的理论指导下,学会判断和评估婴幼儿行为的真实意图,怎么做观察记录,如何实施科学有效的指导策略与方法,为后面项目的学习建立方法论的基础。

在学习婴幼儿行为观察与指导的具体操作技能的同时,学习者也要学习婴幼儿行为发展的相关理论,能意识到观察是教师必备的专业技能。遵循婴幼儿行为发展的相关理论并进行适宜的指导是本书的价值观导向。

聚焦考证

幼儿园教师资格证考试《保教知识与能力》过往真题:

1. 简述婴幼儿行为观察的意义。
2. 请依据皮亚杰的理论,简述 2~4 岁儿童思维逻辑特点。

项目二
婴幼儿行为观察的记录方法

项目导读

　　观察是教师的专业技能，参考其他教育阶段新课程改革促生的新记录模式，如何做好观察记录是教师必须具备的重要专业能力。我们已经在项目一中介绍过几种最常用的记录形式，本项目将以此为基础重点介绍轶事记录、检核表、时间取样、事件取样、作品取样这五种常用的婴幼儿行为观察记录方法。婴幼儿行为观察记录方法是婴幼儿行为观察的核心，选择哪种观察记录方法直接决定后期观察者收集到怎样的数据、作出怎样的分析和解读以及提出哪些策略来支持婴幼儿发展。

　　本项目将主要解决以下四个问题：一是有哪些常用的婴幼儿行为观察记录方法？二是如何使用这些方法以及它们分别适用于什么情况？三是如何为使用这些方法做准备？四是在使用这些方法进行婴幼儿行为观察时有哪些注意事项？

学习目标

　　1. 掌握每种婴幼儿行为观察记录方法的概念、特点和适用时机。

　　2. 能为运用婴幼儿行为观察记录方法做好充分准备，并实际运用婴幼儿行为观察记录方法进行观察，收集量化和质性数据。

　　3. 培养学生良好的婴幼儿行为观察素养，如重视观察、喜欢观察、善于观察并尊重观察数据，同时在整个观察过程中以婴幼儿为本，遵守伦理规范。

内容结构

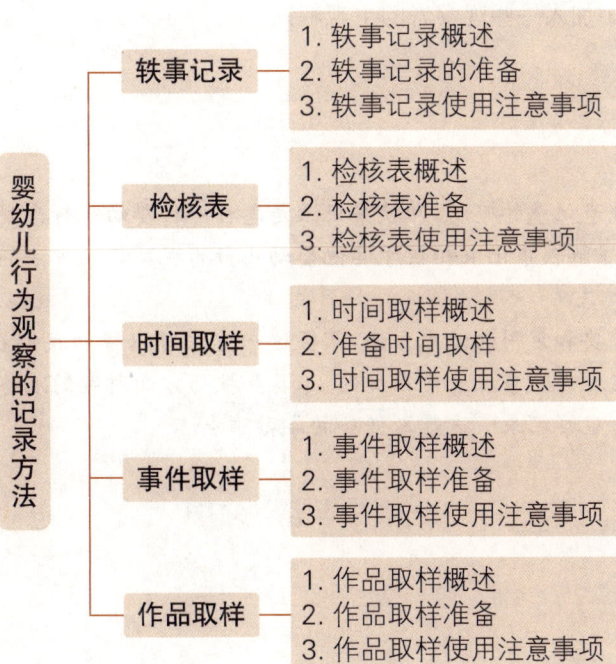

任务一

轶事记录

微课 2-1
如何使用轶事记录法观察指导婴幼儿行为

案例导入

[案例 2-1-1] 对果果的记录

观察者:××	观察日期:2023.8.15	观察活动:爬行
观察对象:果果	性别:男	年龄:7 个月
开始时间:11:26	结束时间:11:37	观察内容:婴幼儿的大肌肉动作
轶事记录	四岁的姐姐"牵"着一个小狗玩具朝果果缓缓走来,果果的视线马上就被吸引了过去,并发出了类似"ei"的长音。妈妈在一旁问他:这是什么?又说:这是一只小狗。果果身体向前,即向小狗玩具的方向前倾,接着又伸出两条胳膊,双手摁在地面上,右腿从席地而坐的姿势调整为膝盖着地的爬行姿势。随着小狗玩具越来越靠近,他又直立起上半身,把右腿从膝盖着地准备爬行的姿势自然地外翻成席地而坐的姿势,双眼始终紧紧盯着缓慢移动的小狗玩具,伴随着小声的"ei"的声音。妈妈又说:你看,多么可爱的小狗。妈妈说话的时候果果的视线转向妈妈,妈妈说完,果果的视线又继续追随小狗玩具,他又一次探出身去,趴下来往小狗玩具爬去,一边忍不住伸出右手去触碰近在眼前的小狗玩具。		

问题思考:

1. 上面是一则比较典型的轶事记录,在表中,你看到了哪些必要信息?
2. 这些信息需要记录得这么详细吗?
3. 是否需要在记录中加入一些观察者的主观解读?

任务要求

结合上述案例理解轶事记录的概念,即轶事记录是怎样一种婴幼儿行为观察记录方法,了解这一方法包含了哪些关键要素,了解轶事记录相较于其他婴幼儿行为观察记录方法的独特之处以及适用时机,这是本任务的学习重点。

轶事记录法是非常重要和常用的记录方法,掌握这一方法可以帮助我们在实践中较好地进行观察和记录。要了解观察者在进行轶事记录前在目的、工具和技巧方面所做的准备,能在教育实践中运用轶事记录对婴幼儿行为进行观察记录。这是本任务的学习难点。

核心内容

一、轶事记录概述

（一）轶事记录的概念

轶事记录是观察者在家庭、托儿所、幼儿园的日常生活活动、教学活动、游戏活动等自然情境中，将自己感兴趣或有重要价值的婴幼儿行为事件发生的经过和情境，以文字描述的方式直接记录下来，供婴幼儿行为分析所用的一种观察记录方法[1][2]。

轶事记录是一种自然观察记录，它与实验室观察的不同之处在于，观察者不需要事先对观察场所进行布置和控制，在家庭、托儿所、幼儿园等日常自然情境中即可进行婴幼儿行为事件发生的经过是指轶事记录需要观察者记录事件发生的起因、经过和结果，即对一件事件进行比较完整的叙述性描述。婴幼儿行为事件发生的情境是指事件发生时周围的环境情况，即有哪些人、事、物以及这些人、事、物之间的互动情况，例如案例2-1-1中描述了果果与周围环境、妈妈、姐姐、姐姐带来的玩具互动的情况。

依据观察时是否借助仪器设备，观察可分为直接观察和间接观察。在大多数的轶事记录中观察者自身的眼睛就是观察的"仪器设备"，不再借助其他电子设备，因此属于直接观察，但是有时观察者也会借助摄影机等设备，此时则为间接观察。

（二）轶事记录的特点

轶事记录易于掌握，也是观察了解婴幼儿行为比较有效的方法之一。观察者在家庭、托儿所和幼儿园里看到了一件有趣的事情，随手把它记录下来，这就是一份轶事记录。因此，写一篇轶事记录实际上就是在写一则短小的故事，以文字客观详细描述婴幼儿在其中的行为表现，然后基于婴幼儿身心发展和保育教育的相关理论知识对其作出科学合理的解读并给予有针对性的指导。具体而言，轶事记录有如下三个特点。

1. 叙事性

轶事记录就是用文字叙述一件有趣或有意义的婴幼儿事件的过程，因而具有较强的叙事性。同时，在叙述轶事时，使用的文字较为客观、准确和翔实，因此，相比于记录道听途说的事件，抑或是记录下一连串数字或者只记录数个关键字词，婴幼儿轶事记录是对婴幼儿行为的直接观察记录，并且由此获得的观察数据更为完整、真实和生动。叙事性是轶事记录最明显的特点，也是其他观察记录方法无法比拟之处。

2. 简短性

虽然教师在使用轶事记录中需要对观察到的婴幼儿行为进行比较翔实的文字描述，但是并不需要像日记描述法和实况详录法那样进行长期持续观察，也不需要记录所有详尽的细节，轶事记录是一篇简短的故事。家庭、托儿所和幼儿园里的事务繁多琐碎，观察者几乎没有完整的专门时间来进行持续细致的观察，轶事记录的这一特点较好地契合了婴幼儿观察者的工作实际情况。

3. 开放性

轶事记录的开放性主要体现在如下四个方面，首先，就轶事记录的场所而言，观察者不需要事先做任何安排和布置，家庭、托儿所和幼儿园的任何一个角落都可以成为观察者进行轶事记录的地方；其次，就轶事记录的时间而言，观察者可以在作息制度内的任何时间进行轶事记录；再次，就轶事记录的内容而言，任何年龄段的任何一个活动，包括生活活动、游戏活动、教学活动等，都可以成为观察者记录的轶事来源；最后，就轶事记录的方式而言，只要观察者捕捉到了婴幼儿的轶事，可以采用纸笔记录、手机记

① 蔡春美，等.幼儿行为观察与记录（第二版）[M].上海：华东师范大学出版社，2020：102.
② 夏靖.轶事记录法在幼儿评价中的应用[J].学前教育研究，2003（Z1）：50-52.

录、语音记录等任何方式。

值得注意的是,轶事记录是观察者基于自己的主观体验和感受对轶事的记录,针对同一事件,不同的观察者可能会作出截然不同的描述,轶事记录易受观察者先入为主的主观判断的影响。因此,在进行轶事记录时,观察者需提醒自己始终保持中立和客观的态度。

(三)轶事记录的适用时机

依据观察者在观察之前是否做计划,可将观察分为结构性观察和非结构性观察。结构性观察是观察者事先有计划、有准备地对观察的场所、对象、内容、方式等进行观察,而非结构性观察则是事先没有准备的随机观察。正如上文所说,轶事记录具有开放性,因此其适用于任何时机,包括事先计划的结构性观察和随机的非结构性观察。

二、轶事记录的准备

(一)确定轶事记录的目的

通常,观察者明确观察目的和目标之前一般会先进行随机的观察和记录,一旦锁定自己感兴趣或有价值的婴幼儿行为时,事先确定轶事记录的目的就非常有必要了,这有助于提升婴幼儿行为观察的有效性和系统性。因此非结构性观察的轶事记录是结构性观察的轶事记录的前提和基础。

在案例 2-1-1 中,观察者之所以会对果果大肌肉动作的发展进行观察,观察他爬、身体前倾、大臂支撑而非观察他手指如何动作,是因为观察者在观察之前就明确了观察的目的和方向,该年龄段的婴幼儿的大动作应该已发展较好,但精细动作还有待发展,所以在观察动作技能发展方面着重关注大肌肉动作是否如期发展。由此可见,事先确定轶事记录的目的,有助于观察者明确待观察的目标行为,从而在观察中聚焦观察目标行为,避免把时间和精力浪费在一些看似有趣但无关紧要的行为上,提升轶事观察记录的效率和质量。

(二)准备轶事记录的工具

观察者在进行轶事记录前还需准备相应的记录工具。轶事记录的工具非常简单,一般需要下面四样东西:可以速记或填写观察记录表的纸、笔、文件夹板和文件袋。

1. 纸

在纸张方面,观察者可以事先设计如表 2-1-1 所示的轶事观察记录表,然后每观察一次就使用一张观察记录表。

表 2-1-1 常用的轶事观察记录表

观察者:		观察日期:		观察活动:	
观察对象:		性别:		年龄:	
开始时间:		结束时间:		观察内容:	
轶事记录					

我们可以看到在轶事观察记录表里有许多观察和记录的要点,下面逐一进行讲述。

记录观察日期:是为了对婴幼儿行为进行前后比较。

记录观察活动:是为了了解婴幼儿行为易发生的情境。

记录观察对象:不需要记全名,只需记个代号就行,这样是对婴幼儿隐私的保密,符合婴幼儿行为观察的伦理规范。

记录性别:是考虑到有些行为可能存在性别差异。记录婴幼儿的年龄是为了将该名婴幼儿的实际发展水平与该年龄段婴幼儿理论上应达到的发展水平进行比较,以判断其发展是否正常。

记录起讫时间:是为了得出婴幼儿某行为的持续时长。而记录观察领域是为了让观察者明确观察的目的,是观察认知、动作还是情感、社会性方面的发展,而且也有利于后面观察者对观察记录进行分类和系统整理。

本任务开头的案例在记录时就使用了这一表格。当然也可以直接使用白纸进行记录,出于环保考虑,可以利用回收纸的空白背面。之所以选用单张的纸而不是一本观察本,是因为在观察之后单张的纸更便于观察者进行自由分类和对比研究。

2. 笔

在笔的选择方面,建议观察者选用多色笔,多色笔的优势在于仅需一支笔,就可以使用很多不同的颜色,这便于观察者在短暂的观察记录时间里能对一些重要的观察内容及时做上颜色记号,从而减轻事后回忆和整理的负担。

3. 文件夹板

为什么要使用文件夹板?有三方面的考虑:一是一张一张的观察记录纸相比于观察记录本较薄,仅有笔和纸无法很好地记录,而文件夹板可以起到类似于桌子的功能;二是文件夹板相较于桌子,可以自由移动,便于观察者从不同视角观察婴幼儿行为;三是使用文件夹板能有效避免纸张丢失。

4. 文件袋

文件夹板能夹的纸张数量毕竟有限,而且长期使用夹板夹着也容易导致观察记录纸破损甚至遗失,这个时候就需要文件袋了,观察者可以将完成了轶事记录的观察记录纸放进文件袋保存。此外,使用文件袋还有一个好处,就是可以实现对观察记录纸的分类,每类轶事的观察记录纸装进相应轶事类型的文件袋里,例如观察者按照幼儿园活动的类型将轶事分为三类,分别是生活活动轶事、教学活动轶事和区域游戏活动轶事,并制作了贴有相应标签的文件袋,那么观察者在幼儿园建构区观察的轶事记录就可以放进区域游戏活动轶事的文件袋里,案例2-1-1的轶事记录可以放进生活活动轶事的文件袋里。

(三)学习轶事记录的技巧

轶事记录是对事件的文字描述记录,前文说了就像在写一则短小的故事,但是想要撰写出高质量的轶事记录并不简单,需要观察者提前学习和掌握一些轶事记录的技巧。具体而言有如下两方面的技巧。

1. 态度尽量中立

轶事记录的主体是人,人是一种有主观意识的动物,因而轶事记录不可避免地会受到人主观态度和情绪情感的影响。事实上,凡是人参与的活动,这种主观影响都是不可避免的,观察者应尽量减小影响。为减小个体主观性对轶事记录的影响,尽量恢复轶事的原貌,观察者在整个观察记录的过程中要始终保持中立的态度和中性的情绪,保证自己的态度和情绪尽量不受观察内容波动。更具体地说,就是观察者要像一台"摄像机"一样,在描述轶事时尽可能多地呈现客观事实,少"添油加醋"地进行主观诠释,添加个人主观情感感受。下面分享一个案例:

[案例2-1-2]　对婴幼儿天天的一段记录

今天天天来到娃娃家,戴上医生的帽子,拿起医用箱坐在小椅子上,突然电话响了,天天拿起电话,"嗯"了一声就把电话挂了,拿起医用箱抱起娃娃,不管娃娃的"妈妈"(凡凡)怎么说,天天也不说话,拿起针头就给娃娃打针。凡凡说:"轻一点,娃娃疼。"天天低着头不说话,给娃娃的屁股上、胳膊上打了好几针。

上述案例描述的轶事是一位教师在娃娃家投放了小医生材料后观察到的婴幼儿行为表现。在记录该轶事的过程中，观察者始终保持中立，客观地记录了事件发生的情境、天天和凡凡的动作和语言，没有观察者的主观解读，很好地还原了事件的原貌。如果观察者不能保持中立，而以个人主观诠释的方式记录，那么轶事记录的结果可能会是下面这样：

> 今天在娃娃家，天天扮演医生，凡凡扮演娃娃的妈妈。天天非常自我，全然不听凡凡说的话，一上来就要给娃娃打针，而且寡言少语，动作简单粗暴，连着给娃娃的屁股上打了好几针，丝毫不顾及娃娃的感受，有点冷血。

像上面这种尽显观察者主观解读的轶事记录可能会存在解读过于夸张或者狭隘的问题。天天没有听凡凡说话，不一定就是自我中心的体现，也有可能是因为年龄小的婴幼儿注意力有限，兴趣都在游戏上而无暇顾及与同伴沟通，天天寡言少语可能也不是冷血等性格上的原因导致的，语言表达能力有限也有可能导致这一行为表现。

2. 叙述尽量翔实

这一技巧旨在尽量恢复轶事的全貌，即观察者对轶事的叙述要尽可能完整，切不可断章取义、以偏概全。一些观察者以为轶事记录就是要记录婴幼儿好的行为表现，从而对轶事中出现的婴幼儿发展问题避而不谈。这是不正确的，轶事记录旨在通过婴幼儿的行为表现客观反映他们当下的发展现状，从而给予支持和指导。当然，观察者也不能为了翔实而翔实，将一些无关紧要的细枝末节都记录下来，这就要求观察者在进行轶事记录前要做到"心中有目标，眼中有婴幼儿"，排除其他无关信息的干扰。下面再分享一个案例：

［案例 2-1-3］ 在沙滩上玩耍的加加

11 个月的加加跟着父母在海边的沙滩上玩耍。她趴在妈妈腿上头朝下伸出双手去摸眼前的沙子，并发出"啊啊"的声音。母亲便把她放在沙滩上，在一旁看着她玩耍。加加独自坐在沙滩上，她低下身子，向前伸长手臂，大幅度地使用双手来把周围的沙子挖过来，沙子逐渐埋住了她的腿。她停下动作，望着自己被沙子埋着的腿，两手无意识地做出手指向下扣住手掌心的动作，不知道在做什么。停了五秒后，她又开始重复之前的动作，即把眼前的沙子扒弄过来，不过幅度比刚才小多了。紧接着，她慢慢坐了起来，用两只手臂支撑着上半身开始往前爬。爬了一步又后倾身体就势坐了下来，顺手张开左手把抓住的沙子丢掉。母亲这时过来扶她，她回头看了一眼又面带微笑转过头，往下压低身体靠近沙子……

这一案例记录了 11 个月大的加加在沙滩上玩耍片段中的几乎全部动作，比如"低下身子""后倾""手臂支撑"等细节，也关注到了婴幼儿在愉快玩耍时偶尔发出的声音以及面部表情。此外，该案例的轶事记录也较为翔实，不夸大，较少使用形容词，也没有评价婴幼儿的行为，比如没有根据婴幼儿可以双臂支撑着上半身往前爬而直接判断婴幼儿大肌肉动作发展良好等。

三、轶事记录使用注意事项

观察者在进行轶事记录时，需要注意下面三个问题。

（一）人数控制，区域固定

在进行轶事记录前观察者需要明确观察目标，每次观察的对象一般不超过 10 名，并在一个固定的区域进行细致深入的观察。案例 2-1-1 和案例 2-1-3 观察了 1 名婴幼儿，案例 2-1-2 观察了 2 名婴幼儿。这三个案例的观察地点都比较固定，在观察时地点没有变动。

（二）最好使用摄影机辅助观察

在准备轶事记录工具时，除了上面的四件套，观察者还可以使用摄影机辅助观察。原因有如下两点：

第一,相比于摄影机,人的眼睛还是存在缺陷的,仅用人的眼睛观察可能会漏看或错看一些信息,后期再回忆可能也不太能想起来,所以在用人眼观察的同时也使用摄影机进行拍摄记录,从而保证记录准确无误;第二,轶事记录以文字记录为主,虽然篇幅短小,但文字相比于图片还是抽象的,使用摄影机的好处在于观察者可以在文字记录中插入影片截图,一方面使得轶事描述更为形象,另一方面也可以对文字进行佐证。

(三) 观察记录和分析解读互不"污染"

尽量将轶事记录和分析解读分开,以便观察者日后再次翻看观察记录时,还能分得清什么是观察到的婴幼儿行为表现,什么是观察者事后作出的分析和解读,也就是尽量保持原始记录不被"污染"。

拓展练习

一、阅读下面材料,并回答问题。

[案例 2-1-4] 　午睡时候的王小森

托班的王小森,2 岁半,是一个平时就很爱调皮捣蛋的小男孩,他精力旺盛,聪明狡黠,而且不爱睡午觉。每到睡午觉时,总有几个孩子不肯老老实实地睡觉,动静最大的就是他了。到了要睡午觉的时候,他经常和隔壁床的小朋友讲话。后来,隔壁床的小朋友睡着之后不答话了,他又开始来回翻身,"制造"出声音,等负责午睡的教师走过去安抚他时,他就向教师说自己睡不着,让教师再给他讲一个故事或者陪他玩一会儿。

这一案例是观察者在托班孩子午睡时观察记录下的一则轶事,请仔细阅读后思考这份记录存在哪些不足之处,应如何改进?

二、根据要求撰写观察记录报告。

在家庭、托儿所和幼儿园的一日活动中选择一个感兴趣的现象(例如婴幼儿游戏中的独白、告状、求助等现象,婴幼儿生活中的分离焦虑、吃饭慢、入睡慢等现象),使用表 2-1-1 进行为期一周的观察。依照本节内容,在正式进行轶事记录前制定计划、确定目的、准备工具和学习相应的技巧,在物质和思想上做好准备。在结束观察后,对一周的观察记录进行整理、描述和分析,发现其中的问题并提出解决措施,然后再次观察,看是否有效。

任务二　检 核 表

微课 2-2
如何使用检核表法观察指导婴幼儿行为

案例导入

[案例 2-2-1] 　婴幼儿如厕行为观察①

观察目的:婴幼儿如厕行为观察

---

① 案例节选自:韩映虹.婴幼儿行为观察与分析[M].上海:上海科技教育出版社,2017:124-125.

观察对象:12 名婴幼儿(32～38 个月)

观察时间:2015 年 4 月 15 日

观察地点:教室

观察内容:教师发现婴幼儿在吃点心前习惯用跑的方式去上厕所,为探究原因,自制检核表对其如厕行为进行观察。

表 2-2-1　婴幼儿如厕行为观察检核表

序号	跑的次数	原因						
		尿急	和同伴比赛	受同伴影响跟着跑	习惯行为	在活动室坐太久,想活动一下	想抢先回活动室	其他
1	一						√	
2	一			√				
3	丁		√	√				
4	一			√				
5	一			√				
6	一			√				
7	一			√				
8	一				√			
9	一			√				
10	一			√				
11	丁			√			√	
12				√				
合计	14	0	1	10	1	0	2	0

问题思考:

表 2-2-1 是婴幼儿行为观察常用的工具检核表,相较于轶事记录,看看它具有哪些不同之处。

任务要求

结合案例 2-2-1 学习检核表的概念,了解检核表相较于轶事记录等其他婴幼儿行为观察记录方法的独特之处以及适用时机。这是本任务的学习重点。

认识到学习观察者在使用检核表观察记录前应先确定观察目的、明确观察行为指标、设计检核表,这是本任务的学习难点。

核心内容

一、检核表概述

(一) 检核表的概念

检核表又称清单法,是观察者基于一定的观察目的,事先拟定待观察的一系列行为,并将它们排列成清单式的表格,然后通过观察,根据检核表逐一检视待观察行为出现与否的一种观察记录方法。

案例 2-2-1 中,观察者在正式观察之前已设想了观察目的:了解婴幼儿为什么用跑的方式去上厕所,并确定了待观察的具体行为。在观察的过程中,观察者依据目标行为是否出现在表格的相应位置做记号,出现则记为"√",未出现则不做记号。

(二) 检核表的特点

检核表是较为简单便利的婴幼儿行为观察记录方法,迄今仍普遍应用于婴幼儿行为观察与记录。检核表这一婴幼儿行为观察记录方法具体有如下三个特点。

1. 选择性

使用检核表进行观察是一种结构性观察,因为观察者需要事先确定观察目的和观察对象,然后将观察目的细化为具体的观察行为项目并制成检核表。因此,在观察的目的性和结构性方面,检核表相较于轶事记录目的性和结构性更强,观察者要观察谁、什么时候观察、在什么场合观察、具体观察哪些行为、观察了之后要做怎样的反应等,在正式观察前都会一一选择和确定。

2. 封闭性

检核表是逐一检视待观察行为出现与否的一种观察记录方法。也就是说,检核表的记录方式是二选一,观察者在观察了婴幼儿行为之后只需使用"有"或"无"、"是"或"否"、"√"或"×"、"○"或"×"等文字或符号来进行记录,非常简便和高效。故检核表的封闭性较高,通过检核表收集到的数据更客观,而且更易量化,便于后期进行量化数据分析。例如,基于案例 2-2-1 收集到的数据,观察者可以进行初步的量化统计,可以发现他们班上的婴幼儿在吃点心前跑着去上厕所主要是因为"受同伴影响跟着跑",那就可以先从同伴模仿以及带头跑的婴幼儿着手来解决这一问题。

3. 高效性

由于观察者在使用检核表时只需对目标行为出现与否作出判断,非常省时省力,方便高效,因此也颇受教师欢迎。例如案例 2-2-1,教师在观察时间内即可完成观察记录,无须事后再花其他时间来做观察记录,而且记录的时候只需打个"√",既轻松又便捷。

(三) 检核表的适用时机

就检核表的观察内容而言,可以覆盖婴幼儿一日生活中的所有行为,例如进餐、如厕、午睡等生活行为,母婴或师幼互动行为,拿/捏/握笔、坐姿、专注等学习行为,分享、交流等游戏行为,观察者在正式观察前确认观察目标、列出观察维度、将维度细化为观察行为指标并制作出清单式的检核表,确定以上行为都可以作为待观察的行为使用检核表进行观察。就检核表的观察对象而言,检核表既可以记录单个婴幼儿某方面的行为表现,也可以记录婴幼儿群体某方面的行为表现。就检核表的观察时间而言,检核表既可以用于记录某特定时间内婴幼儿某方面的行为出现与否,也可以用于记录任意时间内婴幼儿某方面的行为出现与否。总而言之,检核表在适用时机方面类似于轶事记录,不受限于情境,可随时随地使用。

二、检核表准备

(一) 确定检核的目的

检核表是一种比较正式、使用较多的婴幼儿行为观察记录方法,因此使用检核表的关键环节是观察者需要在使用前做好周密的观察计划,计划的核心是确定观察目的和具体要观察的行为。

在确定观察目的时需要观察者有较强的问题意识。观察的目的是进一步了解婴幼儿,从而深入探究婴幼儿发展存在的问题,最终作出科学合理的指导以解决问题。也就是说,婴幼儿发展存在哪些关键问题,观察者就将了解相应方面的行为作为观察目的,确定观察目的有助于观察与实践接轨,使得观察基于实践并最终回归实践。

（二）确定具体的检核行为

检核表记录的是待观察的行为出现与否，因此运用检核表的关键是观察者能否对待观察行为作出精准判断。观察者如何判断观察过程中出现的行为是或不是自己待观察的行为呢？这需要观察者在正式观察前对观察的行为进行操作性定义。操作性定义是根据可观察、可测量、可操作的特征来界定概念含义的方法。操作性定义和概念界定都是对概念关键特征的描述，但不同的是，概念界定的描述比较概括和抽象，而操作性定义相对更为具体和形象，可测量和操作。

例如，在确定观察目的是了解婴幼儿社会性游戏行为之后，教师先基于帕顿的研究将社会性游戏行为分为6类，分别是无所事事、旁观、单独游戏、平行游戏、联合游戏、合作游戏。根据一般的定义，无所事事是指闲着什么事情也不干。如果仅仅依据这一定义，观察者可能无法在观察中对无所事事的行为作出准确判断，因为如果观察到的行为是婴幼儿坐在椅子上什么也没干，这很明显是无所事事，但如果是婴幼儿坐在椅子上专心地玩手，这是否属于无所事事呢？而根据操作性定义，无所事事是指婴幼儿未进行任何游戏活动，也没有与他人交往，只是随意观望，或走来走去。由此可判断，婴幼儿坐在椅子上专心地玩手不属于无所事事，按照帕顿对这6类行为的操作性定义，上述行为属于单独游戏。综上所述，事先对待观察的行为进行操作性定义很有必要，一来能使观察者对目标行为作出准确判断；二来有了明确标准的观察指标，便可进行重复观察，以保证观察结果是可信的。

（三）编制检核表

检核表的内容是否完整将直接影响婴幼儿行为观察的效度。检核表一般由两部分组成，一是记录婴幼儿基本信息的部分，二是记录待观察行为的部分。关于为何要记录婴幼儿的基本信息，在介绍轶事记录的时候已经详细说过，故不再赘述。按照检核表记录的待观察行为的内容可将检核表分为如下三类：一是记录待观察行为出现与否的检核表，二是记录待观察行为程度水平的检核表，三是记录待观察行为出现次数的检核表。

第一类是最基本、最常见的检核表，观察者一般会用"有"或"无"、"是"或"否"、"√"或"×"、"○"或"×"等文字或符号在画记栏位对待观察行为是否出现进行画记，此外，观察者还会在画记栏位旁另辟"备注"栏以补充对目标行为的文字描述或者记录突发情况记录事项，以及"说明"以提醒记录者一些记录注意事项。（见表2-2-2）

表2-2-2　主题教学活动婴幼儿学习行为检核表

观察者：郭鑫	观察日期：2021.9.22		观察起止时间：9:35—10:00
观察对象：牛牛	性别：男		年龄：3岁
序号	学习行为	是否出现	备注
1	对主题感到好奇	○	
2	针对主题发言	○	
3	能倾听他人发言	×	发呆
4	对活动表现出耐心	○	情绪较平稳
5	不大能完整表达自己的想法	○	词序较为混乱
6	能与他人合作	×	喜欢独自作业
7	容易受其他角落活动影响而分心	○	
8	能专注地操作活动或参与游戏	×	
9	不大能掌控发言的音量	○	声音较小
10	能领导其他婴幼儿参与讨论	×	

说明：请观察者仔细观察，若出现上述行为，请在"是否出现"栏打"○"，否则打"×"，若有补充情况可在备注中说明。

第二类和第三类检核表是第一类的变式,能帮助观察者获取更多有关婴幼儿行为的信息。具体而言,它们不仅能用于检视婴幼儿行为出现与否,还能用于评定婴幼儿行为的发展水平(如表 2-2-3)。观察者还能通过写出的"正"字笔画来统计婴幼儿行为出现的次数(如表 2-2-4)。

表 2-2-3 学前儿童观察评价系统(COR Advantage)(节选)①

观察者:王嘉琪		观察日期:2021.5.20	观察起止时间:8:00—17:00
观察对象:甜甜		性别:女	年龄:3 岁 6 个月

水平	领域		
	身体发展和健康		
	大肌肉运动技能	小肌肉运动技能	自我照顾和健康行为
0			
1			
2		✓	
3			✓
4	✓		
5			
6			
7			

说明:观察者先对婴幼儿进行长期的轶事观察记录,然后按照 8 级水平的操作性定义以及轶事例子进行水平评定,并在相应的数字处打"✓"。

表 2-2-4 婴幼儿注意力分散行为检核表

观察者:王俊		观察日期:2021.10.18	观察起止时间:9:45—10:10
观察对象:乐乐		性别:男	年龄:2 岁 1 个月

序号	注意力分散行为	出现次数统计
1	东张西望	正
2	走来走去	一
3	发呆	正一
4	做别的事	
5	重复无明确指向意义的动作	正
6	其他	丁

说明:请观察者仔细观察,若出现上述行为一次,请在"出现次数统计"栏中写一笔"正"字。

(四)检核表的使用技巧

检核表看似简单,但想要用对、用好,提升观察数据的质量,观察者还需要学习掌握一定的使用检核表的技巧。

一是观察者在正式观察前务必再三检查观察目的、观察内容与记录方式之间是否适配,选择的观察内容和记录方式是否最终能实现观察目的。例如观察目的是了解婴幼儿对活动区域的兴趣偏好,如果观察者选用了轶事记录,可能就不是那么适配。因为轶事记录每次只能对一件事件进行记录,那么了解

---

① [美]高瞻教育研究基金会(HighScope Education Research Foundation).学前儿童观察评价系统[M].霍力岩,刘祎玮,刘睿文,等译.北京:教育科学出版社,2018:47.

婴幼儿对活动区域的兴趣偏好的观察目的可能就无法实现了。

二是在依据观察目的对观察行为进行分类和操作性定义时要遵循两个原则,一是相互排斥原则,二是详尽性原则。相互排斥原则是说一种类型的行为与其他类型的行为要相互独立、排斥,使得观察到的行为只属于其中一类,倘若不同类型的行为之间有交叉,那么符合交叉部分特点的行为该属于哪一类就不得而知了。详尽性原则是指凡是与观察目的相关的行为,都能放在某一个类别中,不会出现观察到的行为无从归属的情况。

三是观察者要非常熟悉待观察的行为,能在其出现时迅速作出准确的判断。事先需对待观察的行为作出明确的界定与说明,如果观察者对相关内容存在疑义,应尽快提出并作出澄清。为了避免观察者在观察过程中对观察到的行为模棱两可,建议观察者在正式观察前进行预观察,看一下自己是否能够顺利对观察情境作出判断,如果出现了模棱两可的情况,那就将相应的行为记录下来,反复斟酌,直到澄清为止。

三、检核表使用注意事项

观察者在使用检核表进行观察记录时,需要注意下面三个问题:

第一,若观察者决定直接使用他人编制的检核表,那么就需要事先考虑他人的检核表是否也适用于自己想要观察的对象和情境。如果他人检核表中包含了一些在自己观察的情境中根本不会出现的行为选项,那么就应该删除;如果有出现超出他人检核表范畴的行为,那么就应该增加对应的行为选项;如果他人检核表中包含了一些描述不太准确的行为选项,那么就应该依据自己的观察情境进行修正。

第二,若观察者决定自己编制检核表,那么在设计检核表之前观察者必须首先对目标行为进行反复观察和记录,并对观察结果进行深入的分析和整理,从而对目标行为形成深刻而系统的认识,其次再对目标行为进行分类和操作性定义,最后初步架构出科学、完整的检核表。随后,观察者仍需进行观察,将观察到的行为与行为检核表反复对照,及时增加、删除和修正相应选项。

第三,若观察者想要自己编制出较高质量的检核表,除了按照上一点所说的,反复观察、分析、整理和比对,还可以参考一些本专业权威的发展常模来制定行为指标,如《0~6岁儿童发育行为评估量表》或者婴幼儿行为发展量表等。表 2-2-5 是根据《婴幼儿情感和社会性的行为测量》(Behavioral Assessment of Baby's Emotional and Social Style,BABES)编制的针对 0~6 个月婴儿的行为检核表。

表 2-2-5　0~6 个月婴儿情感和社会性行为检核表

年龄	情感和社会性行为	是	否
0~1个月	当看见人的面部时活动减少		
	哭吵时听到母亲的呼唤声能安静		
	有人对自己讲话或被抱着时表现安静,当被抱着时表现出独特的姿势(如紧紧地蜷曲,像一只小猫)		
2~3个月	被逗引时出现动嘴巴、伸舌头、微笑和摆动身体等情绪反应		
	能忍受喂奶时的短时间停顿		
	看见最主要看护者的脸会笑		
	自发微笑迎人,见人手舞足蹈表示欢乐,笑出声		
	哭的时间减少,哭声分化		
4~6个月	会对着镜子中的像微笑、发声,会伸手试拍自己的镜像		
	随着看护者情绪变化而变化自己的情绪		
	看到看护者时伸出两手,期望被抱		
	能辨别陌生人,见陌生人盯看、躲避、哭等,开始怕羞,会害羞转开脸和身体		

（续表）

年龄	情感和社会性行为	是	否
4～6个月	高兴时大笑		
	当独处或别人拿走他/她的小玩具时会表示反对		
	会用哭声、面部表情和姿势动作与人沟通		

说明：请观察者仔细观察，若出现上述行为，请在"是"栏打"√"，否则在"否"栏打"√"。

拓展练习

1. 请结合表 2-2-1 到表 2-2-5，谈谈检核表的优点和缺点。

2. 王教师想要调查所在班级 1～3 岁婴幼儿的分离焦虑情况，请查阅相关资料，了解婴幼儿分离焦虑的概念，掌握婴幼儿分离焦虑具体有哪些行为表现，并对这些行为表现进行操作性定义，请帮王教师编制一份"婴幼儿分离焦虑检核表"。

任务三　时间取样

微课 2-3
如何使用时间取样法观察指导婴幼儿行为

案例导入

[案例 2-3-1]　社会性游戏行为观察记录

李蕊老师之前使用检核表发现昊昊小朋友最感兴趣的游戏区域是娃娃家，随后她想进一步探索昊昊在娃娃家中的社会性游戏行为表现，于是她借鉴帕顿对婴幼儿社会性游戏行为的分类，使用时间取样的观察记录方法在晨间区域游戏时间对昊昊进行了 20 分钟的观察，观察结果如表 2-3-1 所示。

表 2-3-1　社会性游戏行为观察记录表

观察者：李蕊		观察日期：2021.3.29		观察活动：区域游戏"娃娃家"		
观察对象：昊昊		性别：男		年龄：2 岁 5 个月		
开始时间：8：00		结束时间：8：20		观察目标：社会性游戏行为		
观察时距	无所事事	旁观	独自游戏	平行游戏	联合游戏	合作游戏	备注
8：00—8：01	1（41 s）						
8：01—8：02							
8：02—8：03		1（46 s）	1（49 s）				
8：03—8：04		2（27 s，28 s）					

(续表)

观察时距	无所事事	旁观	独自游戏	平行游戏	联合游戏	合作游戏	备注
8:04—8:05				2 (20 s, 33 s)			
8:05—8:06			1 (40 s)				
8:06—8:07			1 (35 s)				
8:07—8:08		2 (17 s, 29 s)					
8:08—8:09			2 (19 s, 30 s)				
8:09—8:10			2 (25 s, 27 s)				
8:10—8:11	1 (45 s)						
8:11—8:12		1 (38 s)					
8:12—8:13		2 (25 s, 27 s)					
8:13—8:14			2 (20 s, 30 s)				
8:14—8:15			1 (47 s)				
8:15—8:16				1 (48 s)			
8:16—8:17			1 (20 s)	2 (16 s, 20 s)			
8:17—8:18			2 (30 s, 20 s)				
8:18—8:19		2 (22 s, 34 s)					
8:19—8:20			1 (40 s)				

　　说明:每次观察1分钟,在第60 s时记录。"1(41 s)"中的数字"1"代表无所事事行为出现1次,括号内的"41 s"代表无所事事行为持续41 s。

问题思考:

表 2-3-1 是婴幼儿行为观察常用的工具时间取样,与检核表进行对比,看看它具有哪些不同之处。

任务要求

　　基于导入的案例学习"时间取样"的概念,即时间取样是什么样的方法,这一方法包含了哪些关键要素?相较于检核表、轶事记录等其他记录方法,时间取样法有哪些特点?在什么情况下比较适用?这是本任务的学习重点。使用时间取样法时,观察者如何确定时间取样对象,如何掌握时间取样的使用技巧?这是本任务的学习难点。

核心内容

一、时间取样概述

（一）时间取样的概念

时间取样是指以一定的时间间隔为取样标准，观察记录预先确定的行为是否出现以及出现次数和持续时间的一种观察记录方法。

时间取样以固定的时间间隔作为样本。在案例2-3-1中，固定的观察时间间隔为1分钟，也就是观察者将1分钟作为一个时间样本，总共观察20分钟，因而观察者能获取20个样本。预先确定的行为即观察者的目标行为，案例中是指婴幼儿社会性游戏行为。时间取样观察记录的内容是目标行为是否出现、出现次数及持续时间情况。案例中，有记录的地方代表目标行为出现过，并且数字"1"和"2"分别代表目标行为出现1次和2次，而括号里的信息代表每种出现过的目标行为的持续时长，例如40 s代表持续了40秒。

（二）时间取样的特点

时间取样属于取样观察，具体有如下三个特点。

1. 高结构性

时间取样和检核表都属于结构性观察，但时间取样的结构性高于检核表。因为在运用检核表对婴幼儿行为进行观察之前，观察者需要确定观察谁、什么时候观察、在什么场合观察、具体观察哪类行为、观察之后要做怎样的记录等，而时间取样需事先计划和确定的内容更多。除了上述内容，还包括观察期程、观察时距以及观察记录的时间和内容等。由此，通过时间取样对婴幼儿行为进行观察记录，观察者不仅能了解目标行为出现与否，还能了解目标行为的发生发展模式。而且每次都按照标准的程序进行观察，有利于收集到有效可信的观察数据。

观察时距即观察的时间间隔，而观察期程是由观察时距构成的一段较长的观察时间。观察记录的时间规定了观察者在每一段时间间隔里分别有多少时间用于观察和记录。在案例2-3-1中，观察时距是1分钟，观察期程是20分钟，每次观察1分钟并在第60秒时做记录，需观察记录的内容除了目标行为出现与否，还包括出现的次数和持续时间，而任务二导入的案例则没有事先对上述内容进行计划和规定。

2. 客观性

在确定时间取样的目标行为时，观察者也需要像使用检核表一样，对目标行为进行操作性定义，因此对于目标行为出现与否就有了客观的评价标准。而且相较于轶事记录需进行文字叙述，时间取样能将目标行为事件的出现情况简化为一系列数字，例如通过导入的案例观察者可以获得频次、频率、时长等数量信息（见表2-3-2），因而通过时间取样获得的数据更为客观，为后期量化统计分析奠定基础。

表2-3-2　社会性游戏行为观察统计表

量化统计	旁观	独自游戏	平行游戏
频次统计			
频率统计			
时长统计			

3. 有代表性

在对婴幼儿行为进行观察的过程中，能观察到的婴幼儿数量越多，观察结果越具有代表性。基于时间取样的高结构性和客观性，观察者可以同时观察收集多名婴幼儿甚至婴幼儿群体的数据，从而在短时间内收集到大量婴幼儿的数据，获得有代表性的结果。时间取样使观察法可以适用于扩大样本的研究，克服了传统的观察法只适用于个别或少样本被试的局限性[①]。

（三）时间取样的适用时机

在观察的行为方面，时间取样适用于观察发生频率高且易于观测的行为，例如婴幼儿的不专注行为、攻击性行为、欢笑行为、哭泣行为等。如果目标行为发生频率不高，例如半天甚至一天才发生一次，那么就不需要浪费时间进行时间取样观察。如果观察者想要了解婴幼儿的情绪情感、矛盾解决、智力能力等不太外显的行为，就不太适合采用时间取样。在观察的对象方面，时间取样的观察对象选择范围较广，既可以用于观察记录某一特定婴幼儿的行为表现，也可以用于观察婴幼儿群体的行为表现。但需要注意的是，无论是个体还是群体，时间取样的观察对象需要具有一定的代表性，即代表观察目标的一般情况，而不是特殊情况。

二、准备时间取样

（一）确定时间取样的对象

时间取样也是一种比较正式、目的性较强的婴幼儿行为观察记录方法，事先明确观察目的、观察对象和待观察的行为有助于提高时间取样的效率以及观察结果的有效性和可信性。关于确定观察目的和对目标行为的分类和操作性定义，具体可见本项目任务二检核表中第二部分的内容。下面将介绍如何确定有代表性的观察对象，即随机抽样技术。

最基本的随机抽样技术是简单随机抽样，它是一种等概率抽样，即总体中每个成员被观察者选中的机会相等。观察者一般采用抽签法进行简单随机抽样。如果总体人数较多，那么给每个观察对象制一个签是不现实的，这时可以利用随机数字生成器或者在 EXCEL 中编写随机公式进行抽样，一些在线网站也支持这样的功能，观察者可根据需要进行操作。

（二）编制时间取样的工具

为提高时间取样的效率和质量，观察者需要事先编制时间取样的工具，即时间取样观察记录表。这类表也是由两部分组成，一部分记录的是基本信息，另一部分记录的是时间取样的观察结果。基本信息部分与轶事记录和检核表相同。

在记录时间取样观察结果的部分，最重要的事情就是确定时间间隔，因为"时间"是时间取样的核心。

首先，时间间隔应设置多久呢？观察者需综合考虑目标行为的持续时间，行为观察记录工作的难度和复杂性，以及观察者的时间和精力等多方面的因素。最常用的时间间隔是五分钟或五分钟以下。

其次，每一段时间间隔里多少时间用于观察，多少时间用于记录？这取决于在一段时间间隔内所要观察的婴幼儿数量以及需要记录的内容量。如果记录任务和程序十分简单，则无需太多的记录时间；反之则需分配较多的时间给记录。在开头的案例中，由于记录任务较简单，观察者只安排了最后一秒来记录观察结果。

最后，每一轮需要观察多少个时间间隔呢？一般来说，观察二十至三十次最为合适，因为观察二十至三十次之后，便可大致了解行为模式。导入案例中每一轮对婴幼儿社会性游戏行为观察二十次。

时间取样既可用于观察记录一个婴幼儿的行为表现，也可用于观察记录一群婴幼儿的行为表现。针对一个婴幼儿和一群婴幼儿的观察记录表不同，前者只需记录每种目标行为出现的次数和每次的持续时长，具体如案例 2-3-1 所示，而后者除此之外，还需记录目标行为的类型，具体如表 2-3-3 所示。一般观察者都会增加"备注"栏以记录突发情况或补充说明一些情况。

---

① 林磊，程曦. 儿童心理研究中的时间取样观察法[J]. 心理发展与教育，1992(2)：32-36.

表 2-3-3　社会性游戏行为观察记录表

观察者:李蕊	观察日期:2021 年 3 月 29 日	观察活动:区域游戏
开始时间:8:00	结束时间:8:20	观察目标:社会性游戏行为
观察对象:全体托班幼儿	年龄:2 岁 1 个月～3 岁 3 个月	

时距	编号									备注
	1	2	3	4	5	6	7	8	9	
8:00—8:01	LH 1(41 s)									
8:01—8:02	PX 1(49 s)									
8:02—8:03	DZ 1(46 s)									
8:03—8:04	LH 2(27 s, 28 s)									
……	……									
8:17—8:18	PX 2(30 s, 20 s)									
8:18—8:19	DZ 2(22 s, 34 s)									
8:19—8:20	DZ 1(40 s)									

说明:编号即每位婴幼儿的学号或代号。每次观察 1 分钟,在第 60 s 时记录。WS=无所事事,PG=旁观,DZ=独自游戏,PX=平行游戏,LH=联合游戏,HZ=合作游戏。"1(41 s)"中的数字"1"代表联合游戏行为出现 1 次,括号内的"41 s"代表联合游戏行为持续 41 s。

(三)学习时间取样的使用技巧

在实际观察记录的过程中,由于记录时间有限,同时也为了保持记录表的简明,观察者不可能在记录表上一一写下目标行为全称,故掌握速记技巧非常有必要。为提高记录效率,在对目标行为进行分类和操作性定义之后,观察者还需对各类行为进行编码,即采用简化的编码符号对不同类型的行为进行标定,从而形成一套有关所有目标行为的编码系统。简化的符号形式有很多,例如英文字母、阿拉伯数字、几何图形等,其中使用行为中文名称的缩写字母的方式较为便捷。例如,在表 2-3-3 中,观察者分别用 WS、PG、DZ、PX、LH 和 HZ 这些缩写字母来代表无所事事、旁观、独自游戏、平行游戏、联合游戏和合作游戏。以缩写字母作为编码符号有利于观察者快速记住符号的含义,因为它们提供了记忆的线索。倘若使用数字 1、2、3 或者字母 A、B、C 作为编码符号,记忆效果可能欠佳,因为它们与目标行为之间没有直接联系。

三、时间取样使用注意事项

观察者在进行时间取样时,还需注意下面两个问题:

(一)增加对目标行为发生背景和经过的记录

由于观察者在使用时间取样对婴幼儿行为进行观察时只关注目标行为发生的频次、频率和持续时长,而对行为发生的背景、情境、前因后果、先后顺序等信息缺乏记录和介绍,从而可能导致观察者对行为的解读产生偏差。例如,教师使用时间取样对婴幼儿的攻击性行为进行观察和记录,发现天天和晨晨两名婴幼儿在一天的时间里都做出过6次攻击性行为,并且总时长不相上下,如果仅凭这些信息,那么教师极有可能作出"天天和晨晨都存在较高水平攻击性行为"的结论。但是,如果记录了相应的背景和经过,发现天天的攻击性行为是被动的,是在自己的玩具被别人抢了之后为夺回玩具而做出的应激性行为,而晨晨的攻击性行为是主动的,是他想要霸占他人物品而自发做出的行为,由此可见,天天和晨晨的攻击性行为在行为动机上存在质的区别。

(二)时间取样与其他方法互补

将时间取样作为第三种婴幼儿行为观察记录方法来介绍,并不意味着时间取样这一婴幼儿行为观察记录方法的价值就高于轶事记录和检核表。这三种方法各有其优缺点,观察者应该各取所长,将这三种方法结合起来使用,充分发挥每种方法的优势,从而更好地实现观察目的。时间取样获得的是有关行为频次、频率和持续时长的数据,检核表可被视作时间取样的前提,而轶事记录可作为时间取样的延伸。

拓展练习

郭老师想要采用时间取样观察婴幼儿的不专注行为,观察时距为20秒(观察15秒,记录5秒),观察期程10分钟,婴幼儿的不专注行为主要分为如下三种:东张西望、从事不相干活动和离开座位。

问题讨论:

1. 请问郭老师在观察期程内一共需要观察记录多少次?
2. 基于本节所学内容和题干信息,编制一张时间取样观察记录表,然后使用这一表格,在托育机构中随机选择婴幼儿进行实际观察记录,了解其专注力发展情况。

任务四　事件取样

微课 2-4
如何使用事件取样法观察指导婴幼儿行为

案例导入

[案例 2-4-1]　同伴互动行为观察记录

同伴关系是婴幼儿需要发展的重要人际关系,同伴互动是体现婴幼儿心智成熟和社会性水平的重要指标。高质量的同伴互动对培养婴幼儿的情感、社会性、健全人格等起到重要作用。托儿所的教师云云想要观察婴幼儿兜兜在混龄集体活动中与同伴的互动行为,于是采用事件取样进行观察记录,所得结果如下:

表 2-4-1　同伴互动行为观察记录表

观察者:云云	观察日期:2020.5.12	观察活动:制作庆祝彩条的集体手工活动

（续表）

观察对象:兜兜				性别:男		年龄:2 岁 10 个月	
开始时间:15:30				结束时间:16:00		观察内容:同伴互动情况	
互动对象	年龄	性别	互动时间	互动背景	互动起因	互动过程	互动对兜兜的影响
小杰	4	男	18 s	集体活动开始	兜兜没有剪刀用	兜兜:"我可以用剪刀吗?"(BZ) 小杰:我在用着呢。(JJ)	请教师来帮助自己
小梓	4.3	男	20 s	小梓已按曲线剪好彩条	小梓想将剪好的彩条给兜兜看	小梓:"你看我剪得好吗?"(ZT) 兜兜:"嗯,好。"(JS)	加快自己剪的速度
元元	4.2	女	25 s	元元正在按曲线剪彩条	元元想将剪的彩条给兜兜看	元元:"你看这个剪断了吗?这样剪可以吗?"(BZ) 兜兜:"可以!"点点头。(JS)	放慢速度,更加小心,以防剪断彩条
元元	4.2	女	28 s	元元正在按曲线剪彩条	元元因好几次剪断彩条而突然大哭起来	兜兜:"元元,你别哭啦。"(AW) 元元没有理会。(HS)	请教师来帮助

说明:
① "4.2"代表 4 岁 2 个月,"4.3"代表 4 岁 3 个月(注:仅为本表格快速填写时使用,非正式表达)
② "s"代表时间单位秒
③ 同伴互动发起行为的类型
　BZ=寻求帮助,ZT=寻求赞同,AW=表达情感安慰,QT=其他
④ 同伴互动回应行为的类型
　JS=接受与回应,HS=忽视,JJ=拒绝

问题思考:

表 2-4-1 是婴幼儿行为观察常用的工具事件取样,与检核表、时间取样进行对比,看看它具有哪些不同之处。

任务要求

结合案例 2-4-1 学习事件取样的概念,了解其关键因素。了解事件取样相较于轶事记录、检核表、时间取样等其他婴幼儿行为观察记录方法的独特之处和适用情况,这是本任务的学习重点。

了解在使用事件取样观察记录前,要先确定取样的事件、编制事件取样工具,这是本任务的学习难点。

核心内容

一、事件取样概述

（一）事件取样的概念

事件取样是指以特定的行为事件为取样标准,对目标行为进行观察记录的一种方法。事件取样和时间取样不同的是,时间取样以固定的时间间隔为样本,而事件取样以特定的行为事件为样本。待观察的行为事件是事件取样的核心。在使用事件取样对特定婴幼儿行为进行观察记录时,通常是在自然的教学或生活情境中等待目标行为出现,目标行为一出现,观察者就马上进行记录,同时也可以记录事件发生的背景、起因、经过和结果等内容。

在案例 2-4-1 中,特定的行为事件是兜兜和同伴的互动行为事件。无论是兜兜发起的,还是同伴发起的,只要兜兜和同伴开始互动,云云老师便开始进行观察记录。在制作庆祝彩条的集体手工活动中,兜兜和同伴共互动了 4 次,因而能获得 4 个样本。并且每次记录时,云云老师不仅记录了兜兜与同伴互动的过程,还记录了互动的背景、起因以及同伴互动对兜兜的影响,这为后期进一步解释兜兜和同伴的互动行为提供了质性实证。

(二)事件取样的特点

事件取样也属于取样观察,具体有如下三个特点。

1. 自然连续性

事件是事件取样的核心,它们通常来自婴幼儿的日常生活和各类活动,不需要观察者特意创设环境以诱发相应事件的出现,因此取样的事件自然真实。同时,事件取样不受时间限制,不是必须发生在特定时间段内的事件才能被记录,只要目标事件出现,不管发生在何时都可记录,因此观察记录具有较好的连续性。

2. 易聚焦

观察者在进行事件取样之前有着明确的观察目的,对目标行为的类型、每类行为的操作性定义以及具体行为表现等十分清楚,在观察过程中只要目标行为出现,观察者就能快速识别并记录,而对其他非目标行为不做反应。由此,观察者收集到的观察资料都紧紧围绕目标行为事件展开,比较聚焦,无关信息较少。在案例 2-4-1 中,云云老师在正式进行事件取样观察记录之前已对同伴互动的发起和回应行为分别进行了分类和操作性定义(具体如表 2-4-2 所示),因此能在观察中快速识别出兜兜和同伴的每次互动并聚焦观察,记录有关互动的背景、起因、过程和影响等信息。

表 2-4-2 互动行为分类和操作性定义

互动行为	行为类型	操作性定义
发起行为	寻求帮助	在集体活动中,向同伴借用物品,或向同伴发出求助信号
	提出建议	在集体活动中,向同伴提出自己的建议和想法,给予同伴帮助
	表达感情	在集体活动中,通过语言、动作、表情来表达对同伴的鼓励、赞美
	争夺物品	在集体活动中,与同伴出现争吵,与同伴夺取物品等行为
	其他	不能归属于上述四种类型的同伴活动行为
回应行为	接受与回应	在集体活动中,接受同伴的提议、求助或帮助,并给予言语或行动作为回应
	忽视	在集体活动中,对同伴指向自己的言语或行为不理睬
	拒绝	在集体活动中,不接受同伴的提议、求助或帮助
	协商	在集体活动中,对于一些自己也不确定的内容寻求其他婴幼儿的意见

3. 有助于观察者深入探索

在获得的观察资料方面,事件取样相比于前面三种婴幼儿行为观察记录方法,具有一定的优越性。通过轶事记录获得的资料偏质性,而通过检核表和时间取样获得的资料偏量化,但是通过事件取样,观察者可以兼得质性和量化资料。因为根据记录方法的不同,事件取样有两种类型:符号系统记录法和叙事描述记录法,前者以获得量化、立即性的资料为主,而后者主要收集到的是质性、全貌性的资料。因此,将上述两种事件取样方法结合起来使用,观察者能获得更为丰富的数据,从而实现对目标行为更为深入的探索。在案例 2-4-1 中,云云教师既可以获得兜兜和同伴互动行为发生的频次、频率、持续时长等量化信息,还能了解互动行为发生的背景、起因、过程和影响,因而对互动行为有更深入的分析和解读。

(三)事件取样的适用时机

由于事件取样聚焦于事件,所以不受观察时间和观察对象的限制。无论是频繁发生的婴幼儿行为还是偶然发生的婴幼儿行为,事件取样都适用。而且事件取样尤其适合用来观察婴幼儿的反社会行为,例如攻击性行为、说谎行为、上课分心行为、发脾气行为等。因为通过事件取样观察者不仅能了解某类反社会行为发生的频次、频率和持续时长,还能进一步发现导致其产生的情境和原因、行为严重程度和细节以及行为发生后可能导致的后果,这些能为后期提出适切的辅导和解决策略提供参考依据,最终改变婴幼儿的行为。此外,无论观察者是想观察某个特定婴幼儿的行为,还是婴幼儿群体的行为,事件取样也都适用。

二、事件取样准备

(一) 确定取样的事件

和检核表以及时间取样一样,事件取样也是一种目的性较强的婴幼儿行为观察记录方法。因此在正式观察之前,观察者必须对观察目的和目标行为有着十分明确和清晰的认识。关于如何制定科学合理的观察目的、对目标行为进行分类和操作性定义,之前的章节已作出详细阐述,故在此不再赘述。由于事件取样的核心是事件,所以这一部分将重点阐述如何确定取样的事件。

为保证取样事件具有代表性,观察者须事先反复观察目标行为,以充分了解目标行为的特点,即目标行为一般在何时、何地、何种情境中发生。这样有两大好处:一是有助于减少不必要的等待时间。观察者只需在行为大概率发生的时间之前做好准备、耐心等待,不需要提前太多、等待过久。二是有助于提高观察者对目标行为的敏感程度,提升观察效率。只要目标行为出现,观察者能马上辨别出并迅速记录,以防漏掉一些关键信息。

同时,为提升观察资料的有效性,观察者需要事先决定观察记录的侧重点。能将所有与目标行为相关的信息都记录下来固然是好事,但是这是不现实的,一是因为观察者没有这么多时间和精力;二是也没有必要什么都记录,其中会包含一些无效信息。观察者需要记录目标行为哪些方面的内容呢?一般来说,有五个方面:行为的持续时长、发生背景、发生原因、发生过程和发生结果。除了上述五个方面,观察者还可以基于观察目的和本人兴趣,记录和描述更多行为细节,为后期分析和评价婴幼儿行为提供更丰富的实证。

(二) 编制事件取样的工具

事件取样有两种类型:符号系统记录法和叙事描述记录法。因此,观察者编制的事件取样工具也大体分为两种类型:符号系统观察记录表和叙事描述观察记录表。

符号系统记录法是指观察者在正式观察前先设计好一系列符号,代表不同类型的目标行为,在正式观察的过程中,观察者只关注目标行为出现与否,若出现,则在表格中记录相应符号以及持续时长的方法。比如,托班教师李悦想要了解托班幼儿的攻击性行为发展情况,于是基于符号系统记录法编制了一张符号系统观察记录表"托班幼儿攻击性行为观察记录表",见表2-4-3。

表 2-4-3　托班幼儿攻击性行为观察记录表

观察者:李悦		观察日期:××××.××.××			观察活动: 一日生活所有活动		
观察对象:全体托班幼儿		幼儿数量:15			幼儿年龄:2.5~3岁		
开始时间:7:30		结束时间:17:00			观察目标:攻击性行为		
发生情境	攻击者	被攻击者	开始时间	结束时间	攻击原因	攻击策略	攻击结果
SH	HH	TT	8:02	8:07	QL	SG	SD
SH	XM	CC	8:10	8:14	DP	YG	MD

发生情境	攻击者	被攻击者	开始时间	结束时间	攻击原因	攻击策略	攻击结果
JH	XY	JJ	9:25	9:28	WJ	SG	SD
QH	HH	XM	10:02	10:04	WJ	SG	SD
QH	JJ	TT	10:06	10:09	WJ	YG	MD
QH	HH	XL	10:11	10:16	DP	YG+GG	MD
HH	XM	CC	15:55	15:57	DP	SG	MD
GH	HH	XX	9:02	9:05	ST	SG+YG	SD
GH	HH	XY	11:09	11:13	QL	SG	SD
GH	XM	TT	14:36	14:39	TB	SG	MD

说明：
发生情境：
SH＝生活活动；JH＝集体教学活动；QH＝区域活动；HH＝户外活动；GH＝过度活动
攻击原因：
WJ＝抢占玩具；DP＝争夺地盘；QL＝维护权利；ST＝损害他人身体；TB＝损害他人同伴关系
攻击策略：
SG＝身体攻击；YG＝言语攻击；GG＝关系攻击
攻击结果：
SD＝受到教师批评或惩罚；MD＝没有受到教师批评或惩罚

　　叙事描述记录法是观察者以文字描述的方式记录目标行为发生的起因、经过和结果的方法。叙事描述记录法很像轶事记录法，但两者不同的是，使用叙事描述记录法记录的事件更为聚焦，一般是紧紧围绕某一主题的一系列行为。而使用轶事记录法时，观察者记录的事件较杂，凡是有趣、有价值的事件都记录，而这些事件可能并不指向某一主题。

（三）学习事件取样的使用技巧

　　在使用事件取样进行观察记录时，为了节约时间、提高记录效率，观察者会对各类目标行为进行编码，编码可以使用数字、字母、图形等各类符号。除此之外，观察者还应在观察记录纸上清楚地标识出每个符号所指代的目标行为，正如表2-4-1和表2-4-3那样，观察者可以在观察记录表的最下面对各类符号进行说明。这样做有两个好处：一是以防观察者在记录时突然忘记相应的编码符号，二是以防时间隔得太久观察者再次查阅观察资料时一时想不起这些编码符号代表什么。

三、事件取样使用注意事项

（一）记录背景信息

　　在使用时间取样对婴幼儿行为进行观察记录时，除了必须要记录的目标行为信息，观察者还可以对其他相关背景信息做一些记录。由于事件取样是一种目的性较强的婴幼儿行为观察记录方法，因而容易导致观察者只观察和记录特定的目标行为，而对目标行为之外的信息较为忽视，从而造成后期对婴幼儿行为的分析存在偏差。因为很多信息虽然看似与目标行为不太相关，或者与目标行为不存在直接因果关系，但可能是引发目标行为的间接的重要原因。例如表2-4-3，虽然观察者记录下了导致幼儿攻击性行为的直接原因，但有可能幼儿的一些攻击性行为是由间接因素导致的，例如幼儿事先观看过包含暴力内容的动画片或视频，因此致使他们做出攻击性行为的根本原因可能是模仿。

（二）符号系统记录法和叙事描述记录法结合使用

观察者在使用事件取样时最好能将符号系统记录法和叙事描述记录法两者结合起来使用。因为很多观察者在进行事件取样观察时一般只使用其中一种方法，符号系统记录法有利于观察者获取及时的量化数据，但容易忽视过程和细节信息，观察资料的利用率不够高，而以叙事描述方式记录特殊事件，又过于注重过程和细节，因而在分析时不易分类和推论。所以，观察者最好能综合运用二者，充分发挥两种记录方法的优势。案例2-4-1就是两者结合使用的例子。

拓展练习

阅读下面的材料，回答问题。

婴幼儿在发展过程中会出现"退缩"现象，有时，家里二孩的到来会让大孩出现这种行为。"退缩"是指个体离开或放弃已经达到的心理结构或功能，思考、情绪或行动状态退回到个人发展中的一个更早的心理状态。例如，在对一个二孩女婴梓怡的观察记录中，观察者发现比梓怡大两岁的哥哥梓航存在"退缩"行为。

表 2-4-4　婴幼儿"退缩"行为观察记录表

观察者：王君竹		观察时间：梓怡出生后1～19周		观察目标：退缩行为
时间	时长	退缩情境	退缩表现	退缩结果
梓怡出生后第3周	3分钟	一家人喝汤	保姆喂梓航喝汤，梓航不肯喝，说"只要妈妈喂"	妈妈喂梓航喝汤
梓怡出生后第6周	4分钟	家里辞去了保姆，爸爸妈妈两人负责照顾梓怡和梓航，妈妈抱着梓怡	梓航看到妈妈抱着梓怡，也要求爸爸像妈妈那样抱着他	爸爸模仿妈妈抱着梓航
梓怡出生后第14周	10分钟	晚上睡觉	梓航想要爬上妹妹梓怡的床，妈妈让梓航回自己床上睡，梓航没有回应妈妈，继续爬到妹妹床上，先是坐着，然后躺下，然后又坐了起来，伸手去抓婴儿床垂下的栅栏，示意妈妈帮他扣好栅栏	妈妈帮梓航扣好婴儿床的栅栏，他在妹妹床上睡着了
梓怡出生后第19周	12分钟	妈妈在客厅里抱着梓怡玩	梓航发出婴儿般的啼哭，走到妈妈面前要妈妈抱他	妈妈把梓怡放在沙发靠垫上，让她倚在那里，然后抱起梓航，像抱婴儿一样斜着抱在怀里

问题讨论：

1. 判断上面的观察记录表运用的是符号系统记录法还是叙事描述记录法，并说明理由。
2. 结合上面的观察记录表，谈谈叙事描述记录法与轶事记录法的异同。

微课 2-5
如何使用作
品取样法观
察指导婴幼
儿行为

任务五 作品取样

案例导入

[案例 2-5-1] 作品取样法的运用

图 2-5-1 婴幼儿绘画作品《各种各样的车》

图 2-5-2 婴幼儿在芭蕉叶上作画

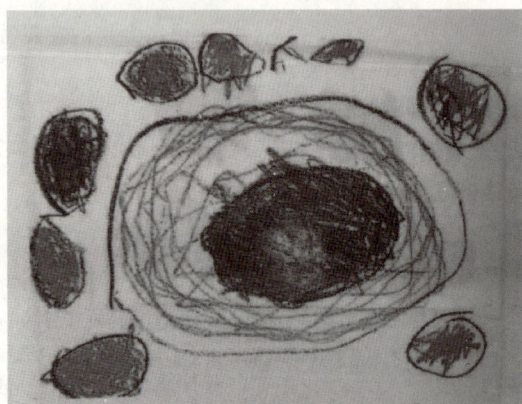

图 2-5-3 婴幼儿绘画作品《圆形大被子》，婴幼儿自述："我喜欢蓝色，就涂了深蓝的圆圈，我的妈妈和姐姐喜欢橙色，我就在旁边涂了橙色给她们。"

图 2-5-4 婴幼儿绘画作品《哭泣的太阳》，婴幼儿自述："太阳哭了，被人打了。"

图 2-5-1 是婴幼儿在成人指导下完成的作品，而图 2-5-2 则是三名婴幼儿一起完成的作品，图 2-5-3 反映了婴幼儿具有良好的家庭人际关系，而图 2-5-4 表明婴幼儿可能将自己不愉快的同伴互动体验投射到太阳上，该婴幼儿可能正面临社交困境，需要教师尽快介入和支持。

问题思考：

1. 图 2-5-1 和图 2-5-2 能够作为取样作品吗？
2. 图 2-5-3 和图 2-5-4 是否为能够真实、全面反映婴幼儿发展水平的作品？

任务要求

了解作品取样系统提出的背景和组成部分，了解作品取样系统与作品取样之间的关系。结合上述案例，掌握作品取样相较于其他婴幼儿行为观察记录方法的独特之处和适用情况，这是本任务的学习重点。

在进行作品取样前，学习准备发展指引和发展检核表，明确可以收集的作品以及收集作品时需遵循的依据，这是本任务的学习难点。

核心内容

一、作品取样概述

（一）作品取样与作品取样系统

作品取样来自美国儿童发展评价专家麦索尔斯博士于二十世纪八九十年代提出的作品取样系统。该评价系统是一种真实性表现评价[1]，强调对儿童发展过程的真实记录，通过收集儿童的真实表现与作品来帮助观察者观察、记录并评价儿童的知识、技能与行为发展。

作品取样系统是一种婴幼儿发展评价工具，而作品取样是其中用以观察和记录婴幼儿发展情况的方法。目前暂时没有关于作品取样的界定，基于上述作品取样系统的相关内容，我们可以认为作品取样是以婴幼儿发展指标为取样依据，观察和收集婴幼儿表现和作品样本，从而对婴幼儿行为进行分析，评价其发展水平的一种婴幼儿观察记录方法。其实作品取样和时间取样、事件取样相似，时间取样以一段段固定的时间间隔为观察样本，事件取样以一件件特定的行为事件为观察样本，而作品取样则以一件件婴幼儿的作品为观察样本。

作品取样是一种典型的档案袋评价，包括三个部分：发展指引与发展检核表、作品集、综合报告。发展指引与发展检核表是评价活动的前提和基础，发展指引是一个由发展领域、构成要素和表现指标构成的婴幼儿发展评价三级指标体系，而发展检核表是基于发展指引设计的观察记录表格（检核表的相关内容具体见本项目第二个任务），检核表采用尚未发展、发展中、发展成熟的三级等级评定方式。作品集是评价活动的核心要素，主要围绕发展指引中的表现指标收集相关作品，一年需收集三次作品，分别在学年初、学年中和学年末各收集一次。综合报告是评价活动的结果，由于作品收集了三次，所以综合报告需要撰写三次，每次三份，分别由家庭、学校和教师保存。

（二）作品取样的特点

1. 全面性

作品取样的全面性主要体现在观察内容方面。作品取样的发展指标涉及七个发展领域：个性与社会性发展、语言与读写、数学思维、科学思维、社会学习、艺术和身体发展。由此表明，作品取样是对婴幼儿德、智、体、美的全面观察与记录。而本项目其他婴幼儿观察记录方法对婴幼儿的观察与记录比较聚焦，通常是某一领域的某一特定行为，例如攻击性行为、社会性游戏行为、同伴互动行为等。

---

[1]　李春光,张慧.作品取样系统及其对我国学前教育评价的启示[J].教育现代化,2015(4):63-67.

2. 过程性

与过程性评价相对的是结果性评价,它只对是否达到目标进行评价,只关注最终的结果,至于如何实现目标它不关心,也无法评价,像各种测验都属于结果性评价。而过程性评价兼顾目标和过程,强调评价可持续地贯穿于学年始终,在学年前、中、后都持续地进行着。作品取样的过程性主要体现在观察时间方面,作品取样有三个固定的观察周期,分别是学年初、学年中和学年末,因而观察者能观察到婴幼儿发展变化的动态过程,而其他婴幼儿观察方法通常只用于观察婴幼儿发展过程中某一时间节点的状态,观察的连续性较为不足。

3. 发展性

婴幼儿发展评价是早期教育实践的重要环节,是优化早期教育活动过程、提升早期教育质量和促进婴幼儿适宜性发展的重要途径。作品取样的发展性主要体现在观察目的方面。作品取样以观察和评价婴幼儿发展水平为目的,而且正是由于作品取样的过程性,观察者才能得以分析婴幼儿各个方面的发展变化情况,从而判断发展轨迹是否符合常态,存在怎样的个体差异,未来呈现怎样的发展趋势,等等。由此,相关教育工作者便能依据婴幼儿在不同年龄段的发展特点给予精准的支持和指导。

(三) 作品取样的适用时机

就观察的时间和领域而言,作品取样适用于对婴幼儿长期全面持续观察的情况,因而需要观察者有较多的时间和精力。但是,需要注意的是作品取样的观察时间比较固定,不像其他方法那样比较自由。就观察的目的而言,如果观察者不仅想了解婴幼儿在某天某个活动中的行为表现,还想了解婴幼儿在整个学年各类活动中的表现和发展情况,那么作品取样就非常合适。此外,就观察的对象而言,作品取样不仅适用于观察婴幼儿群体,也适用于观察婴幼儿个体,了解其在不同领域的个性特点。

二、作品取样准备

(一) 准备发展指引和发展检核表

正如本项目前四个任务所述,无论观察者使用哪一种婴幼儿行为观察记录方法,在正式观察之前都要明确观察目的,这一环节对婴幼儿行为观察具有重要意义,很大程度上决定了观察的效率和质量。而在作品取样中,准备发展指引和发展检核表也具有相同的意义,即观察者在观察记录之前要明确观察哪些婴幼儿发展领域、指向哪些领域要素和体现哪些发展指标的作品。

(二) 准备收集作品

作品是作品取样的核心。观察者可以收集的婴幼儿作品一般是指婴幼儿在参与日常学习、运动与游戏、劳动与生活、社会实践与人际交往等具有教育意义的活动时所形成的符号记录与信息材料,包括记录婴幼儿情绪与情感状态、动作与行为过程等方面的文字、图片、录像材料。具体可分为两类:一类是出自婴幼儿之手的作品,例如绘画(如图 2-5-5)、手工(如图 2-5-6、图 2-5-7、图 2-5-11)等;另一类是出自观察者之手的记录婴幼儿参加各种活动过程的材料,如记录婴幼儿参与游戏、教学、演出等活动过程的照片(如图 2-5-8 至图 2-5-10)等。由此可见,凡是能真实记录婴幼儿学习与发展过程的材料,都可视作取样作品。

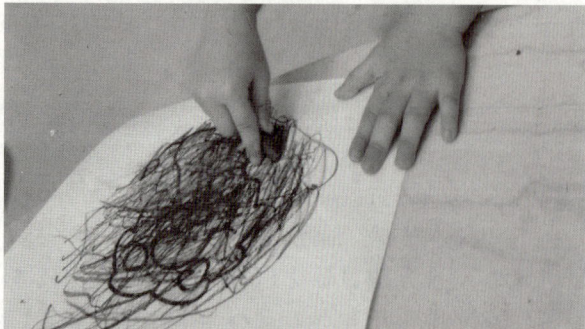

图 2-5-5 婴幼儿的涂鸦作品

图 2-5-6　婴幼儿的穿线板作品

图 2-5-7　婴幼儿做的纸板人物

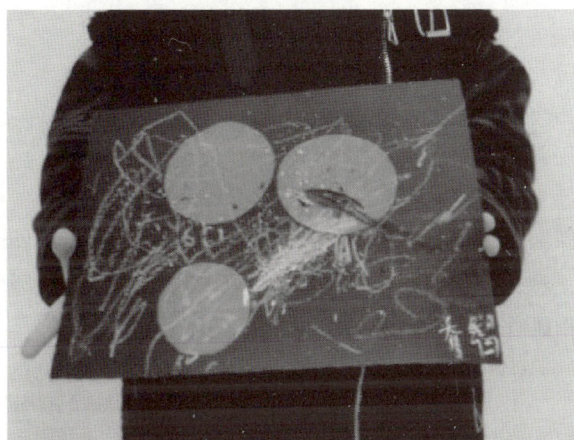

图 2-5-8　婴幼儿的拼贴作品

图 2-5-9　婴幼儿体验皮影游戏

图 2-5-10　婴幼儿体验小球跳跳乐游戏

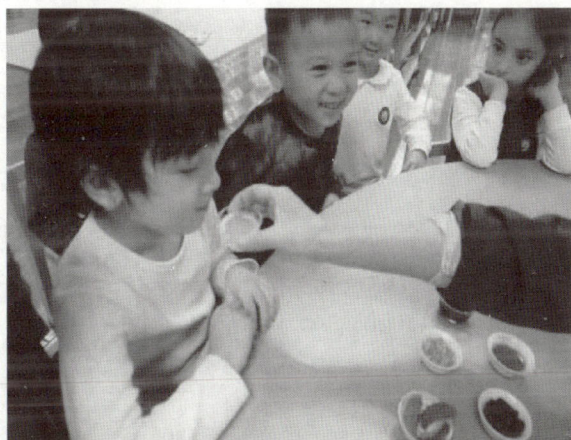

图 2-5-11　婴幼儿在科学活动中辨别气味

（三）作品取样技巧

虽然作品取样的对象很广，但是作品取样也是一种结构化观察，须遵循一定的依据。

第一，作品必须与婴幼儿存在紧密联系，观察者需要事先对婴幼儿作品进行整理、分析和判断，从中挑选最能真实、全面反映婴幼儿发展水平的作品。例如图 2-5-1 是婴幼儿在成人指导下完成的作品，而

图2-5-2则是三名婴幼儿一起完成的作品,因而这两幅作品可能都无法真实反映幼儿个体的发展水平。而且在挑选作品的时候要避免观察者自身的主观偏好对作品取样带来的影响。例如有的观察者只收集能反映婴幼儿较好发展的正面作品,不收集暴露幼儿发展问题的反面作品,这种对待作品的态度是不可取的,作品应该尽可能全面地反映幼儿的发展情况。

第二,由于每一个婴幼儿作品都来自特定的环境和情境,因此每一个作品只能反映特定环境和情境下婴幼儿的发展状态和水平,不能将此等同于他们现在和未来的发展状态和水平,因此观察者在挑选作品时要充分把握并客观记录作品产生的背景和阶段。观察者可以在挑选出作品后立即让婴幼儿讲讲关于作品的"故事"并在作品空白处简要记下。

第三,观察者要综合考虑作品的类型、内容范畴、时间跨度等要素,即作品类型是否形式多样,作品涉及的发展领域是否较广,作品的时间是否横跨一个学年等,由此提升作品的代表性。在作品数量上,观察者应尽可能多地收集作品,数量越多越具有代表性,按照作品取样系统的要求,每一学年对每名婴幼儿收集的作品数量应不少于45个。

三、作品取样使用注意事项

美术作品是作品取样中最常见的作品,下面就以美术作品取样为例谈谈作品取样的一些注意事项。

(一)兼顾共性和个性

观察者在选取婴幼儿美术作品时要兼顾共性和个性。共性是指观察者挑选的作品能代表婴幼儿在某个阶段美术领域中所涵盖的技巧和概念的典型表现。具体而言,观察者可以收集如下类型的作品:婴幼儿最满意的绘画作品、手工作品、创意涂鸦作品和人物画作品,因为无论婴幼儿处于哪个年龄段,都会有上述四个方面的作品,并且它们能代表婴幼儿发展的典型特征。婴幼儿最满意的绘画作品是他们自发创作的作品,可以按月或者按季度收集,也可以按半年的时间间隔收集,它们代表了婴幼儿每一时期的典型绘画作品。连续收集手工作品能反映婴幼儿精细动作的发展情况。创意涂鸦作品能代表婴幼儿想象力的发展水平。例如从图2-5-12到图2-5-14,婴幼儿涂鸦从乱线发展到有控制再到命名,表明涂鸦不再是无意想象的结果,有意想象的比重越来越大,涂鸦成为有意识、有目的、有控制的行为。人物画在婴幼儿绘画作品中出现频率很高,在婴幼儿不同发展阶段收集到的人物画能展现出婴幼儿对人物的认识和表现技能的发展变化过程。

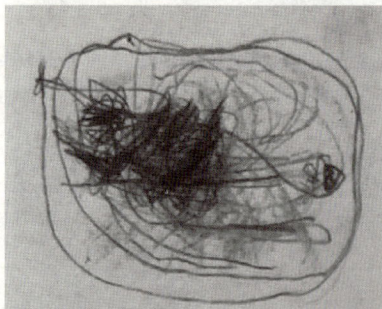

图2-5-12 2岁1个月乱线涂鸦画　　图2-5-13 3岁有控制涂鸦画　　图2-5-14 3岁6个月命名涂鸦画《鸡蛋》

个性指的是观察者依据不同年龄段婴幼儿的发展特点收集不同类型的美术作品。对于年龄小的婴幼儿,观察者可以收集纸工和手指画作品,同时入园的第一幅画也极具重要意义,必须收集,因为它代表了婴幼儿作画的初始水平,与学期末"我最满意的绘画作品"进行比较能反映婴幼儿作画水平的发展进步情况。到了中班,观察者可以收集蜡画、版画、剪贴画等,以此反映婴幼儿美术表达及创造方面的多样性。进入大班,观察者可以收集日记画、连环画等作品,反映婴幼儿的各方面的综合能力。

（二）秉持真实性和立体性

　　观察者在解读婴幼儿美术作品时要秉持真实性和立体性两大原则。真实性是指观察者要注重对作品的"原生态"解读。观察记录婴幼儿作品不是为了评比和贴标签，而是为了真实记录婴幼儿发展的过程，从而判断其发展水平是低于、符合还是高于常模水平，从而为其进一步发展提供适宜的脚手架。如何保证真实？观察者需要保持不偏不倚的态度，尽可能客观地描绘作品所展现的内容，减少主观臆断。

拓展练习

一、阅读下面的案例，并回答问题。

［案例 2-5-2］　两岁婴儿的绘画发展分析[①]

　　婴儿到了两岁，已能准确地控制笔的走向，不满足只是上下左右的涂鸦运动了，而能画出较为精细的单线圆圈接口了（图 2-5-15），但接口还不是很"利落"，还会有明显的痕迹，甚至在一个圆的接口处还不能顺利接上。因为这个年龄段的孩子做事没有整体意识，只顾眼前，照顾不到以后，画出的线到了圆的临近接口处无法顺利相接，这时也只能就近拐弯接了。（图 2-5-16）

图 2-5-15　接口还不"利落"时期

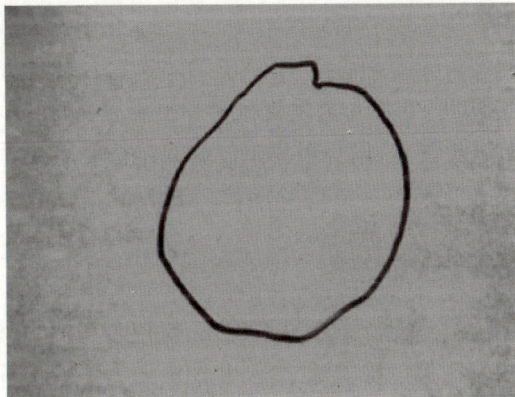

图 2-5-16　拐弯接

　　婴幼儿能画出一个圆圈是一次在认知上的里程碑式的跨越，这意味着婴幼儿想象萌芽的开始。在随后的日子里，婴幼儿的作品中会出现各种形态的圆圈，对圆圈的解释也会有不同的意义。（图 2-5-17）

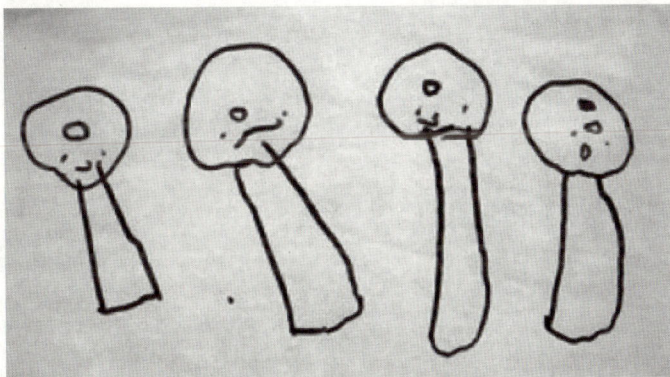

图 2-5-17　画"圆圈"的新时期

---

　　① 李凌.解读幼儿图画密码［M］.石家庄：河北美术出版社，2016.

从婴幼儿的乱涂乱画,到碰、砸、点线条的形成,从线条的不规则左右重叠涂抹发展到能上下左右乱涂,从复杂多变的多线条到清晰明了的单线条,从无意识地乱涂乱抹到有意义的圆圈出现,婴幼儿绘画的发展脉络是非常清晰可见的。

问题讨论:

请查阅相关资料了解并总结 2 岁婴幼儿绘画特点和水平,再结合本节内容,尝试解读绘制下面这幅画(图 2-5-18)的婴幼儿的发展水平。

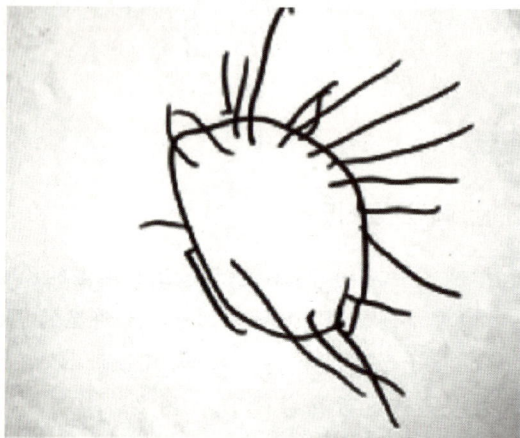

图 2-5-18　画圆圈之画太阳

二、依据《0～6 岁儿童发育行为评估量表》,确定"发展指引和发展检核表",利用前面所学习的检核表的知识与技能,以小组为单位编制一份婴幼儿学习与发展检核表。

项目小结

本项目重点介绍了轶事记录、检核表、时间取样、事件取样、作品取样这五种婴幼儿行为观察记录方法。在使用每一种方法之前,我们需要先掌握该种方法的概念、特点和适用时机,然后为使用该种方法做好准备,包括制定观察计划、明确观察目的、挑选观察对象、制定观察记录表、准备观察设备、练习观察技巧等,同时还需将一些注意事项牢记于心。做好上述一系列工作有助于提升观察质量,从而更好地促进婴幼儿发展。

除了上面的五种方法外,在实际操作中还有其他一些方法,尤其是随着科技水平的发展,影像记录法可以生动、真实地记录婴幼儿行为的各种信息。由于其往往不受观察者的记录水平限制,在其他记录法中可以穿插使用,这里不再赘述。

聚焦考证

1. 单项选择【保育师(中级)理论笔试题】

保育员进行观察记录时要准确、详细,不仅要记录婴幼儿行为本身,而且要记录行为的(　　)和环境条件。

A. 具体细节　　　　　　B. 具体时间　　　　　　C. 前因后果　　　　　　D. 深层意义

2. 单项选择【自考科学教育】

教师在科学发现室放了两只小鸡、小鸭,并观察婴幼儿对它们的行为反应,同时用该表记录婴幼儿的行为。该教师所采用的观察方法是(　　)。

	从远处看	走近	在近处看	用手抓、捏	用语言逗引	模仿动物叫声	喂食	主动和同伴谈论	说出小动物的特征	发现鸡和鸭的不同	显露高兴的表情	其他行为表现	备注
甲													
乙													
丙													
丁													

A. 检核表法　　　　　B. 情境观察法　　　　　C. 轶事记录法　　　　　D. 问卷调查法

3. 单项选择【自考科学教育】

为调查婴幼儿对动物生存环境的认知,教师向他们出示了一张画有各种动物的图(见下表),同时给予相应的指示语:"你知道这些动物生活在哪里吗? 请你在相应的空白格子中,把生活在水里的动物画上○,把生活在陆地上的动物画上△。"该教师所采用的评价资料收集方法是(　　)。

螃蟹	
乌龟	
蛇	
金鱼	
蚂蚁	

A. 检核表法　　　　　B. 情境观察法　　　　　C. 轶事记录法　　　　　D. 问卷调查法

项目三
婴幼儿行为观察的数据处理与评价

项目导读

在使用项目二中的婴幼儿行为观察记录方法收集到观察数据后,我们应该如何处理和评价这些数据呢?这是本项目通篇要回答的一个问题。目前很多婴幼儿行为观察类书籍都会用大篇幅介绍观察与记录的方法,即项目二的内容,而对于如何处理和评价观察数据所用篇幅相对较少,有的甚至避而不谈,但是这是教育者在进行婴幼儿行为观察研究时普遍觉得非常棘手的一个难题——收集了很多数据但在面对数据时由于缺乏相关知识无从下手或者直觉上认为处理和评价数据是一件非常复杂、难度很大的任务而不敢下手。

综上所述,本项目旨在应对实际现状,满足实际需求并解决实际问题,具体而言,主要解决如下四个问题:一是婴幼儿行为观察的量化数据和质性数据分别从何而来?二是如何对量化数据进行统计和可视化呈现?三是如何对质性数据进行整理、分析和解读?四是如何基于观察数据对婴幼儿行为进行评价?

学习目标

1. 了解婴幼儿行为观察数据的来源以及婴幼儿行为观察评价的缘起、内涵和价值,掌握量化数据的基本统计和呈现方式、整理和分析质性数据的原则和步骤以及解释质性数据的步骤。

2. 能基于数据特点选择适宜的方式对量化数据进行统计和呈现并对质性数据进行整理、分析和解释,最终能对婴幼儿行为作出客观准确的评价。

3. 培养以婴幼儿为本、尊重数据、重视观察和评价、实事求是、求真务实的科研精神与素养。

内容结构

婴幼儿行为观察的数据处理与评价

- 婴幼儿行为观察的量化数据处理
  1. 量化数据的收集
  2. 量化数据的统计
  3. 量化数据的呈现

- 婴幼儿行为观察的质性数据处理
  1. 质性数据的收集
  2. 质性数据的整理和分析
  3. 质性数据的解释

- 基于观察数据的婴幼儿行为评价
  1. 婴幼儿行为观察评价概述
  2. 婴幼儿行为观察评价的价值
  3. 基于观察数据的婴幼儿行为评价

任务一　婴幼儿行为观察的量化数据处理

微课 3-1
如何处理婴幼儿行为观察的量化数据

案例导入

[案例3-1-1]　母婴互动观察记录

为观察母亲和婴儿的互动状况,观察者设计了表3-1-1进行观察记录。该观察记录表的设计思路是将母婴互动的行为分为四类,分别是母亲对婴儿发声、婴儿对母亲发声、母婴一起发声和婴儿注视母亲,然后对每对母婴连续观察10次,每次观察60秒,即观察时距为60秒(可以观察40秒,记录20秒,也可自行设计),观察期程共10分钟。观察者对一对母婴进行了一轮为期10分钟的观察,观察结果如表3-1-2所示。

表 3-1-1　母婴互动观察记录表

时间(秒) \ 互动	母亲对婴儿发声	婴儿对母亲发声	母婴一起发声	婴儿注视母亲
60′				
120′				
180′				
240′				
300′				
360′				
420′				
480′				
540′				
600′				

表 3-1-2　母婴互动观察记录表观察结果

时间(秒) \ 互动	母亲对婴儿发声	婴儿对母亲发声	母婴一起发声	婴儿注视母亲
60′	√			√
120′	√			
180′			√	
240′		√		
300′	√			√

(续表)

时间(秒) \ 互动	母亲对婴儿发声	婴儿对母亲发声	母婴一起发声	婴儿注视母亲
360′	√			√
420′	√			
480′	√			
540′			√	
600′		√		√

问题思考：

基于上文请大家思考如下三个问题：

1. 表 3-1-2 收集到的数据是什么类型的数据？

2. 如何对这些数据进行统计？

3. 如何呈现统计结果？

大家在阅读本节核心内容前可以先尝试解答以上这三个问题，然后我们再一起看看如何解决这三个问题。

任务要求

结合上述案例，通过学习了解婴幼儿行为量化观察数据的来源，了解量化数据与定量观察和观察记录方法之间的关系。能实际使用本书项目二中的观察记录方法进行定量观察，收集量化数据。同时，学习量化数据的统计方式，掌握频数、百分比、众数、平均数、中位数、极差和标准差这七种基本的统计方式。能基于量化数据的特点选择合适的统计方式进行统计。

学习量化数据和统计结果的呈现方式，领会两种统计表和四种统计图的绘制方式。能基于观察目的选择合适的图表呈现量化数据。这是应用观察结果非常重要的一环。

核心内容

一、量化数据的收集

（一）定量观察和量化数据

婴幼儿行为观察的量化数据通过定量观察收集获得，了解定量观察有助于我们更深刻地理解量化数据究竟从何而来以及获得量化数据对婴幼儿行为观察有什么意义。定量观察又称结构化观察，是一种为获得可靠数据对所有观察程序进行标准化处理的观察研究范式。针对上述定义，大家可能会产生如下疑问：什么是结构化观察？何为对观察程序进行标准化处理？为何要对婴幼儿行为观察程序进行标准化处理？

首先，什么是结构化观察？结构化观察是指在正式观察前观察者会制定详细的观察计划、确定具体的观察内容、观察方法、记录方法、观察步骤以及研制科学的观察工具等，因此定量观察是一种有目的、有计划、可控制的观察。由于提前做了观察准备，故获得量化数据的效率较高，并且准备越充分，效率越高，但也正是因为目的性、计划性过强，控制过多，观察者容易忽视一些不在观察者目标范围内但非常有价值的量化数据。案例 3-1-1 中的观察就是一种结构化观察。

其次,何为对观察程序进行标准化处理? 标准说白了就是模子,例如公司想要让自己的产品达到生产的质量标准,就需要精心研制符合要求的模子,然后让所有产品都从这个模子出来。而在定量观察中,观察程序的标准化处理就是给观察程序研制模子,即确定固定、统一的观察步骤以及每个步骤具体要遵循的操作规范和要求,这对所有观察者以及同一观察者每一次的观察都是一致的,尤其是在使用观察工具时,须尽量保证所有观察者或者观察者在每一次使用工具时对观察内容的理解和评判标准保持一致。前文提到的操作化定义就是一种标准化处理,而案例 3-1-1 中设计的观察工具"母婴互动观察记录表"也是一种标准化处理。

最后,为何要对婴幼儿行为观察程序进行标准化处理? 主要有两个方面的原因,一方面,婴幼儿行为观察多是自然观察,即在托幼园所、家庭等现实世界中进行观察。自然观察不同于实验室观察,因为现实世界相较于实验室更为纷繁复杂,存在更多不可控的影响因素,实验室观察对无关因素的控制程度尚且有限,那么自然观察的结果受无关因素影响的程度有多大便可想而知。另一方面,观察的主体是人,人不像机器,带有很强的主观性,不同观察者对同一观察现象也可能有截然不同的理解和判断。因此,对婴幼儿行为观察程序进行标准化处理的意义在于减少现实环境中无关因素以及观察者主观判断对观察过程的影响,从而获得可靠、有效的量化数据。此外,一旦观察程序标准化,那么就可以重复实施观察程序,反复验证观察结果并不断推广至更大的研究群体。例如案例 3-1-1,观察者在观察完这一对母婴互动行为之后还可以重复使用相同的观察程序对成千上万对母婴进行观察,从而反复验证观察结果并不断发现不同国家、不同文化下的母婴互动是否呈现出相似或者有差异的结果。

综上所述,量化数据来自定量观察,想要提高量化数据的获取效率并提升量化数据质量,就得在正式观察前对观察程序涉及的方方面面,包括观察计划、观察内容、观察方法、记录方法、观察工具、观察步骤等进行科学严谨的设计,并对整个观察程序进行标准化处理。

(二) 观察记录方法和量化数据

定量观察不是一种特定的研究方法,因此量化数据并不直接来自定量观察。量化数据直接来自定量观察使用的记录方法。在项目二中介绍的众多观察记录方法中,婴幼儿行为定量观察一般会选择时间取样、事件取样和检核表这三种方法作为记录方法,由此获得量化数据,即一系列数字。因此,在案例 3-1-1 中,第一个问题的答案是观察者通过时间取样收集到的是一系列量化数据,具体可见表 3-1-3。我们先从纵向来看表 3-1-3,在观察的 10 分钟时间里,母亲对婴儿发声这一互动行为出现的次数最多,为 6 次,其次是婴儿注视母亲,为 4 次,最后是婴儿对母亲发声和母婴一起发声,都为 2 次;再从横向来看,在观察的 10 次时间里,有 4 次出现了 2 种互动行为,剩下 6 次只出现 1 种互动行为。

表 3-1-3　母婴互动观察数据集

时间(秒) ＼ 互动	母亲对婴儿发声	婴儿对母亲发声	母婴一起发声	婴儿注视母亲	总计
60′	1			1	2
120′	1				1
180′			1		1
240′		1			1
300′	1			1	2
360′	1			1	2
420′	1				1
480′	1				1

时间(秒) \ 互动	母亲对婴儿发声	婴儿对母亲发声	母婴一起发声	婴儿注视母亲	总计
540′			1		1
600′		1		1	2
总计	6	2	2	4	14

二、量化数据的统计

通过使用事件取样、时间取样、检核表等方法对婴幼儿行为进行观察记录，观察者可以收集获得一系列量化数据，即一系列数字，观察者下面要解决的问题就是如何对这些量化数据进行统计，即对案例3-1-1第二问的回答。统计是数学的一个分支，是对数值型数据的处理和分析。统计分为两类：描述统计和推论统计。描述统计是指对一组特定数据的描述、概括或者解释；而推论统计是超越特定数据，基于样本来推断总体的特征。

具体到婴幼儿行为观察中，描述统计具体指向特定婴幼儿群体行为观察的量化数据，例如观察者对某托育机构中刚入机构的婴幼儿的分离焦虑行为进行观察，获得了一组量化数据，对这组数据进行的统计就是描述统计。而推论统计是指虽然观察者仅以某托育机构中刚入机构的幼儿为样本进行观察，只对该样本的观察数据进行描述统计以获得该样本的特征，但该市其他托育机构、该市所在的省其他市的托育机构甚至全国所有托育机构婴幼儿的分离焦虑行为，是否也呈现出类似的观察结果？换句话说，A市某托育机构婴幼儿的分离焦虑情况是否可以代表A市、A市所在A省甚至全国托育机构婴幼儿的分离焦虑情况，这就是推论统计的事情了。因为人的精力和能力是有限的，个体研究者不可能也没有必要对全国所有托育机构婴幼儿的分离焦虑行为进行观察，因此需要基于A市某托育机构婴幼儿分离焦虑的情况来对全国托育机构婴幼儿的情况进行推断，推论统计可谓是以小见大。考虑到推论统计难度较大，且本书篇幅有限，故不做详细阐释，下面将主要围绕描述统计展开。

（一）频数和百分比

描述统计的关键问题是我们怎么才能传达数据的基本特征。一个显而易见的办法就是将所有数据都制成表格，如表3-1-3所示，还可以有更好的办法，比如，使用频数来帮助统计。

频数是最基本的描述统计方式之一，又称次数，是指变量值中代表某种特征的数出现的次数。然而仅有频数这个数字没有太大意义，需要进一步统计频率/百分比，计算方法是将每个频数除以所有频数之和，然后将所有频数及其百分比整理成一张表就是频数统计表。

下面仍以案例3-1-1为例，向大家展示如何基于"母婴互动观察记录表"收集的量化数据来统计频数和百分比。正如定义所述，频数统计的是代表某种特征的数出现的次数，在案例3-1-1中，具有某种特征的数有两类，一是在观察的10分钟时间里，每1分钟出现的母婴互动行为种类；二是在10次观察中，每类母婴互动行为出现的次数，具体可得如下两张频数统计表。

表3-1-4　一分钟内母婴互动行为频数统计表

一分钟内母婴互动行为种类	一种	两种
频数	6	4
百分比(%)	60	40

表 3-1-5　不同母婴互动行为频数统计表

母婴互动行为类型	母亲对婴儿发声	婴儿对母亲发声	母婴一起发声	婴儿注视母亲
频数	6	2	2	4
百分比(%)	42.9	14.3	14.3	28.5

（二）集中量数

为更深一步地挖掘数据以及更好地描述数据的基本特征,在对定量观察收集到的量化数据进行频数统计之后,我们还可以进行集中量数的统计。集中量数是量化数据最典型的数字值,其中最常用的有三种:众数、平均数和中位数。

1. 众数

众数是出现次数最多的数字。以案例 3-1-1 为例,从每分钟出现的母婴互动行为种类这一维度统计,可得 6 个 1 和 4 个 2,因此出现次数最多的数字是 1,众数是 1。而从每类母婴互动行为在十次观察中出现的次数来看,可得 6、2、2、4,因此出现次数最多的数字是 2,众数是 2。当然,并不是所有数据都有众数,例如案例 2-2-1,婴幼儿体验七个区域的天数分别是 10、5、4、2、4、6、7,这里每个数字都只出现一次,因此没有众数。

2. 平均数

平均数,即大多数人所说的平均值,又称算术平均数,算法就是将数据观测值总和除以数据的个数。

3. 中位数

中位数,又称第 50 百分位数,是位于按大小顺序排列(要么升序要么降序)的一组数据中心位置的数值。中位数的具体计算方法依数据总数是奇数个还是偶数个而有所不同,如果总共有奇数个数据,那么中位数就是中间位置上的数字。先举一个奇数个数据的例子,观察者对某个存在较强攻击性的婴幼儿进行为期 5 天的观察,统计其每天发生攻击性行为的频数,得到 7、10、12、9、9,随后将这组数据按照升序或降序排列,得到 7、9、9、10、12 或者 12、10、9、9、7。无论按照升序还是降序排列,中间位置上的数字都是 9,因此这组数据的中位数就是 9。如果总共有偶数个数据,那么就没有中心位置的数字,这时应取最中心的两个数的平均数。关于偶数个数据,我们再以案例 3-1-1 为例,对于 6、2、2、4 这一组数据,先按照升序排列,得到 2、2、4、6,取中间两个数 2 和 4 的平均数,可得中位数为 3。

三、量化数据的呈现

在统计完量化数据后,我们将回答案例 3-1-1 中的第三个问题。如何更为直观地呈现量化数据以让读者更快地获取量化数据的关键信息,这是量化数据的可视化问题。量化数据的呈现主要有两种方式:统计表和统计图。

（一）统计表

前文的统计表是量化数据的一种可视化呈现方式,具体而言,这些表格可分为两类,一类是呈现原始数据的数据集,例如表 3-1-3,这是对量化数据最直接的可视化呈现,这种方式最省力但最不直观,而另一类就是先对原始数据进行加工,再以统计表的形式呈现,例如频数统计表 3-1-4 和表 3-1-5。后者相较于前者在数据信息的可视化和直观性上有所进步,但仍不是最佳的量化数据呈现方式。因为它们都以表格来呈现信息,而相较于表格,图形更为直观形象,而且人类的视觉更偏好图形。因此,在量化数据的呈现上,统计图的效果优于统计表。

（二）统计图

统计图是在二维或两条坐标轴上呈现数据，是数据在二维空间中的图形表示。两条坐标轴是 x 轴和 y 轴，x 轴是水平的维度，y 轴是垂直的维度。常用的统计图包括直条图、直方图、饼状和线形图。下面我们将举一些例子来向大家具体展示如何使用这些统计图来呈现婴幼儿行为观察的量化数据。

1. 直条图和直方图

直条图是使用垂直的长条来呈现数据的统计图，适用于 x 轴的变量是类别变量时。导入案例的变量"母婴互动行为"就是一种类别变量，因此适合用直条图来呈现。利用表 3-1-5 中的频数可绘制直条图 3-1-1。

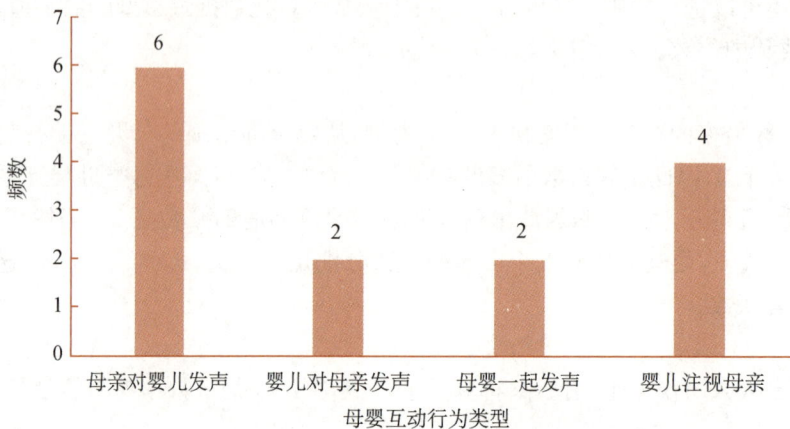

图 3-1-1 母婴互动行为直条图

当 x 轴的变量是定量变量时，用直方图更好。例如研究者想要观察了解 0～6 岁婴幼儿使用新媒体设备的初始年龄情况，婴幼儿年龄属于连续的定量变量，因此更适合用直方图，具体见图 3-1-2。

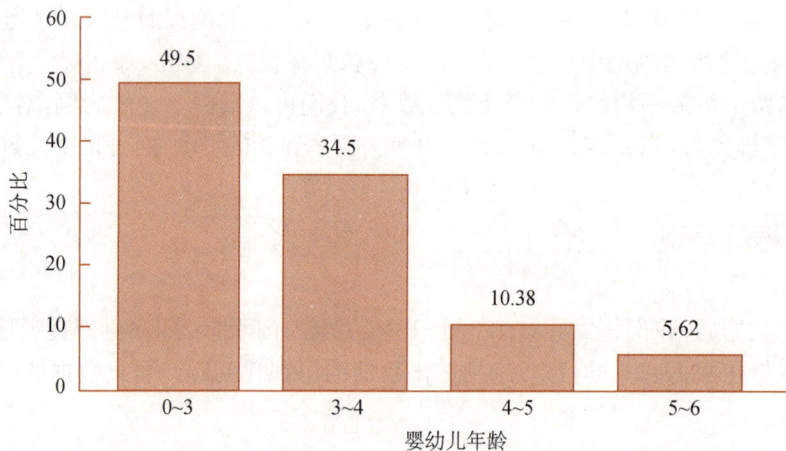

图 3-1-2 0～6 岁婴幼儿使用新媒体设备初始年龄直方图

综上所述，直条图和直方图在本质上都是对频数分布表的升级，将表格中抽象的频数和百分比转变成了图中形象的矩形长条，由此，数据之间的大小和差异显而易见，同时众数和极差也可从图中直接得出。

直条图和直方图都由矩形长条组成，两者有什么区别呢？其一，从 x 轴的数据来看，直条图的横轴数据是孤立的，是一个个具体的数据，而直方图的横轴数据是连续的，是一个范围。其二，从长条的分布情况来看，直条图的长条之间有空隙，而直方图的直条紧密相连，没有空隙。直条图和直方图在本质上都是频数分布表的图像化呈现，而且比频数分布表更有用，因为它们还可以呈现数据分布的形状。

2. 饼状图

饼状图是一种在圆上以半径为轴切割,表示不同内容在整体中所占比例的统计图,因形状像一张饼而得名。饼状图相较于直条图和直方图,更适用于呈现百分比数据。通过饼状图,我们可以清楚直观地得出所占比例较大的一个(些)部分,那么这个(些)部分便是主要部分。例如,观察者想要通过观察了解教师应对婴幼儿生气和伤心情绪的策略,观察结果如饼状图 3-1-3 所示。从图中我们可以明显得出中性策略(71.20%)所占的百分比最高,是教师使用的最主要策略,其次是正向策略(20%),负向策略(8.80%)的使用比例最低。正向策略是教师在应对婴幼儿消极情绪时发出的行为和情绪情感中带有明显的亲切、和蔼、友好的倾向,例如情绪安抚、耐心倾听婴幼儿宣泄情绪等。中性策略是指教师应对婴幼儿消极情绪的行为中情感色彩比较平淡,没有明显的情绪变化,介于积极和消极之间,例如冷处理、转移注意力、建议指导、简单安慰、忽略等。负向策略是指教师在应对婴幼儿消极情绪时发出的行为和情绪情感中带有明显的不满、讨厌的倾向,例如强制命令、批评等。

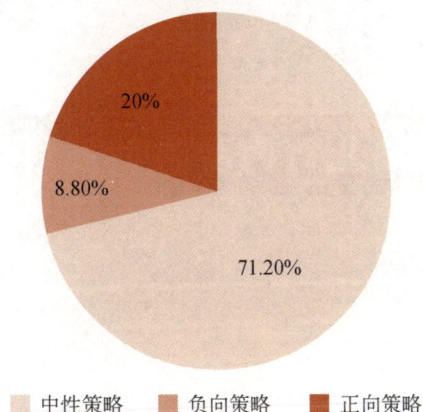

图 3-1-3　教师应对婴幼儿生气和伤心情绪策略的饼状图

3. 折线图

折线图是通过绘制一条或多条线来阐明数据的一种统计图。相比于直条图、直方图和饼状图,它是一种更为直观地呈现数据分布图形的方式。因为它不仅能反映一组数据中各变量频数的分布情况,还能在一张图中同时反映多组数据的分布情况,而且它还能用于呈现频数随时间变化的趋势。例如,廖教师对不同气质类型婴幼儿的学习品质进行观察研究,这时研究结果适合用折线图来呈现。在图 3-1-4 中,我们可以同时看到 4 组数据中各变量频数的分布情况,分别是 4 种不同气质类型(根据托马斯和切斯的研究可将婴幼儿气质类型分为易养型、难养型、启动缓慢型和中间型)的婴幼儿在学习品质5 个维度上(依据《学习品质领域测查量表》,学习品质包括好奇与兴趣、主动性、坚持与注意、创造与发明、反思与解释五个维度)的得分,而无论是图 3-1-1、图 3-1-2 还是图 3-1-3 都只能呈现一组数据。

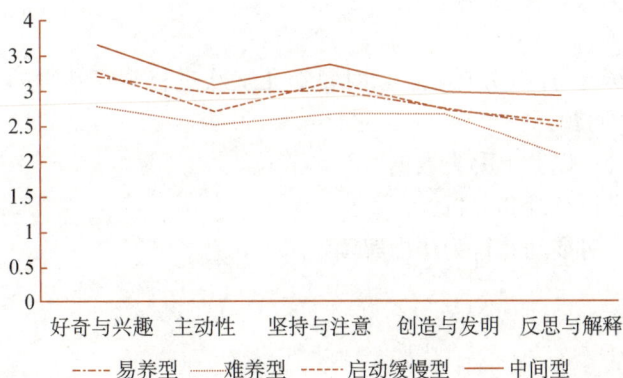

图 3-1-4　不同气质类型婴幼儿学习品质各维度得分折线图

拓展练习

1. 请列出量化数据较为基本的描述统计方式及其计算公式。
2. 常用于呈现量化数据的统计图表有哪些？它们各自有什么特点？
3. 张老师在种植园地中观察搜集了39次婴幼儿的种植活动，其中有10次播种活动，活动时长共计256分钟；12次拔草活动，活动时长共计180分钟；12次浇水活动，活动时长共计57.6分钟；5次浇水活动，活动时长共计98分钟。请根据以上内容完成下面题目。
（1）计算每次种植活动的平均时长、每类种植活动的平均时长。
（2）基于题干所给数据绘制频数统计表。

任务二 婴幼儿行为观察的质性数据处理

微课 3-2
如何处理婴幼儿行为观察的质性数据

案例导入

[案例 3-2-1] 　在娃娃家的欢欢①

观察者:程相茹	观察对象:欢欢	观察活动:娃娃家活动
开始时间:8:45	结束时间:9:15	观察目标:婴幼儿行为
轶事记录	欢欢走到娃娃家,拿出一块积木又放回去,走过来问老师:"你在干吗?"接着拿出大围巾当桌布铺在垫子上,再拿小篮子放在中间,跟陈玲说:"我们来玩。"陈玲拿珍珠链子,欢欢说:"不行! 不许动妈妈的东西。"就抢过来放回去,接下来把小积木倒出来,放在大铁盘里,再用布包起来,跟李婷说:"你当妈妈。"跟张希说:"你当姐姐。"然后把积木放进另一个篮子里炒菜,再拿红积木做辣椒,放进篮子,另一个女孩要加入,她说:"不要动啦,人家在玩。"又跑去拿积木加料,跑一圈去厨房,跟同伴用桌布将菜盖起来,然后看到在地上断掉的项链,问小朋友说:"这是谁拉的?"然后欢欢跑来跟老师说:"老师,有人把项链拉坏了。"随后把项链放回去,抱住两位女生,然后摸一摸另一个女孩(扮作猫)的脸颊,说悄悄话,又扮小猫爬,发现放在旁边的菜被搬动,立刻跑过去说:"不许动!"就把菜端走。 接着,一女孩躺在地上当病人,欢欢拿起她的手,拿塑料管替她打针,又拿手帕当棉花给她擦药。		

问题思考：

这是程老师于8:45分至9:15分在娃娃家对婴幼儿欢欢进行观察获得的一则轶事记录,基于这一记录请大家思考下面三个问题:

1. 通过这则轶事记录可以获得哪类数据?
2. 如何对这类数据进行整理和分析?
3. 怎样基于这类数据对婴幼儿行为作出解读?

---

① 施燕,韩春红.学前儿童行为观察(第 2 版)[M].上海:华东师范大学出版社,2020:131.

任务要求

结合上述案例,尝试了解婴幼儿行为质性观察数据的来源,弄清质性数据与质性观察以及观察记录方法三者之间的关系。能实际使用本书项目二中的观察记录方法进行质性观察,收集质性数据,这是本任务的学习重点。

同时,学习质性数据整理和分析的原则和步骤,能基于原则和步骤对实际收集到的质性数据进行初步的整理和分析。学习基于质性数据解释婴幼儿行为的步骤,能按照步骤对质性数据进行深入的整理和分析以解释婴幼儿行为,这是本任务的学习难点。

核心内容

一、质性数据的收集

(一) 质性观察与质性数据

质性数据来自质性观察,而质性观察与量化观察相对,我们将基于质性观察与量化观察的区别来介绍质性观察,而在这之前,我们还得先了解一下质性研究与量化研究这两大研究范式,因为质性观察和量化观察是分别隶属于质性研究和量化研究的两种观察研究范式。

量化研究是一种对事物可以量化的部分进行测量和分析,以检验研究者自己关于该事物的某些理论假设的研究方法。量化研究有一套完备的操作技术,包括抽样方法(例如项目二任务三中介绍的简单随机抽样)、资料收集方法(例如项目二任务二中介绍的检核表法)、数字统计方法(例如本项目任务一中介绍的频数、百分比、集中量数等描述性统计方法)等。而质性研究是以研究者本人作为研究工具,在自然情境下采用多种资料收集方法对社会现象进行整体性探究,使用归纳法分析资料和形成理论,通过与研究对象活动对其行为和意义建构获得解释性理解的一种活动[1]。

量化研究和质性研究各有其特点和适用情境。量化研究从研究者自身事先设定的假设出发,收集数据对其进行验证;而质性研究强调从当事人的角度了解他们的看法,注意他们的心理状态和意义建构。因此,量化研究比较适合在宏观层面对事物进行大规模的调查和预测,例如使用事件取样法对100名2~3岁的婴幼儿的亲社会行为进行的观察研究;而质性研究比较适合在微观层面对个别事物进行细致、动态的描述和分析,质性研究擅长解决探究性、解释性的问题,关注研究的过程及意义的阐释,例如基于儿童立场对婴幼儿在玩具争抢事件中的冲突与规约应对的研究。

在了解了量化研究和质性研究的区别后,量化观察和质性观察的区别以及什么是质性观察也就比较容易理解了。量化观察是一种自上而下的观察研究范式,而质性观察则是一种自下而上的观察研究范式。质性观察又称非结构化观察,相较于结构化的量化观察它是一种开放式的观察活动。质性观察的开放主要是指质性观察不以获得普遍结论为观察目的,观察者在观察时不需要带有很强的目的性,也不需要对观察程序进行标准化处理。质性观察允许观察者根据当时当地的具体情境调整自己的观察视角和内容。正如质性研究的定义所述,质性观察的目的是通过与观察对象活动对其行为和意义建构获得解释性理解,因此在质性观察中观察者需要沉浸于观察对象的活动并与观察对象互动,从而能够真正站在观察对象的视角理解其行为和意义解释。

综上所述,质性观察是观察者通过非结构化的观察方式进行的一种质性研究,而我们在自然情境中对婴幼儿行为进行质性观察便可获得质性数据。

---

① 陈向明. 质的研究方法与社会科学研究[M]. 北京:教育科学出版社,2000:12.

（二）观察记录方法与质性数据

正如定量观察一样,质性观察是一种观察研究范式,不是一种特定的研究方法,因此质性数据并不直接来自质性观察。质性数据直接来自质性观察使用的记录方法。通过轶事记录、事件取样、作品取样和影音记录可以收集到质性数据。量化数据以数字的形式呈现,而质性数据则以成页的文字呈现。因此,对于案例 3-2-1 的第一问,答案是通过轶事记录观察者可以获得质性数据。在项目二中我们已经论述过,通过事件取样观察者既能获得量化数据,也能获得质性数据,任务四中的案例 2-4-1 就是一个例子。而项目二任务五中的案例 2-5-2 是通过作品取样获得质性数据的例子。

二、质性数据的整理和分析

在通过质性观察收集到质性数据后,下一个要解决的问题便是对质性数据的整理和分析,即我们在案例 3-2-1 中提出的第二个问题。在回答这一问题之前我们先来了解一下质性数据整理和分析的原则。

（一）质性数据整理和分析的原则

1. 质性数据整理和分析同步进行

在概念上,质性数据的整理和分析似乎是两个可以独立进行的没有交集的活动过程,一般是先整理质性数据,然后再对质性数据进行分析。但在实际操作的过程中,我们可以明显感受到,想要将这两个活动过程完全分开几乎不可能,因为人是一种有意识的动物,我们在整理数据的同时大脑也必定在用意识分析着数据。换句话说,质性数据的整理必定立足于一定的分析基础并受制于一定的分析体系。正如图 3-2-1 所示,质性数据的整理和分析实际上是一个整体,不可能截然分成两个相互独立的部分。两者相互循环,同时受到研究其他部分的制约。

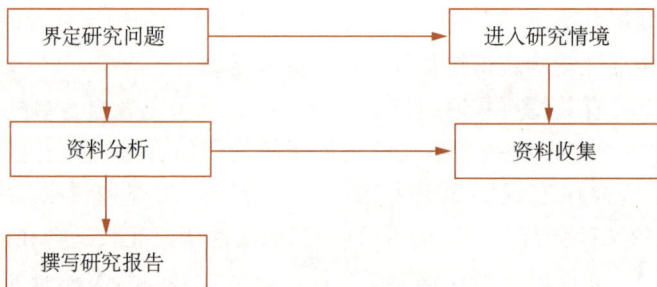

```
界定研究问题 ──────────→ 进入研究情境
     │                        │
     ↓                        ↓
  资料分析 ──────────────→ 资料收集
     │
     ↓
撰写研究报告
```

图 3-2-1　资料整理和分析关系图

[案例 3-2-2]　第一次来活动室的月月

肖老师选择第一次来托育机构的月月作为自己观察的对象,他主要想要观察月月是否有分离焦虑及其交友情况。下面是他的记录:

月月,女,1 岁 8 个月,是个健康的小女孩,第一次进入 XY 托育机构上课。

月月被妈妈牵着手走进活动室,她刚一进来就睁大眼睛环视了一圈活动室,最后将目光落在室内秋千上。秋千周围围坐了几个小朋友在各自玩着玩具。妈妈留意到她的目光,示意她自己过去玩。月月抬头看了看妈妈,拉着妈妈的手往秋千那里走。可能因为是第一次来活动室,妈妈选择陪同过去。到了秋千附近,月月停住脚步,又看向妈妈,妈妈对月月说:"你想玩秋千,和这几个小伙伴说嘛。"月月摇摇头,摇晃拉着妈妈的手。妈妈又说:"月月,你自己去试试,你看小伙伴都跟你一样,去嘛。"说着放开月月的手,把月月往前推了推。月月被推着往前走了两步,马上就不动了,撅着嘴不跟小朋友讲话。这时,李老师走了过来,开始和月月妈妈交谈,告诉月月妈妈还有一个表格需要她填写。月月妈妈就对月月说:"月月,你自己在这玩一会儿,好吗?"月月摇摇头说:"妈妈陪着。"李老师叫来在一旁的小朋友菲菲,请菲菲陪月月玩。月月看起来还是不愿意,妈妈又对她说:"妈妈要去填个表,马上就回来,你先自己玩一会儿,好吗?"李老师也跟着说:"月月来了我们这,就是大孩子啦,可以自己玩的,让菲菲跟你晃秋千,很好玩的。"菲菲去拉月月的手,月月没有拒绝,只是一直盯着妈妈消失在视线里去填表格。2岁半的菲菲是机构里的小活宝,热情开朗,主动让月月先坐上去玩,很快月月坐在一晃一晃的秋千上也笑了。

在阅读了案例3-2-2的质性资料后,我们了解到月月可以接受母亲短暂且原因清楚的离开,同时,能够开展正常的同伴交往,但是也要考虑月月似乎不是主动发起交往的小朋友。不过想要判断月月的依恋模式是哪种,是不是有分离焦虑,同伴交往类型是哪种,还需要进一步观察,比如一会儿妈妈回来月月的态度会是怎样的,等妈妈离开托育机构她自己待在这里又是怎么样的,等月月对托育机构的环境熟悉之后是否会主动发起互动等情况,才能回答上述问题。在这一段材料里,我们也可以关注月月的语言发展、大肌肉动作的发展等,之所以会产生这样的整理想法是因为在阅读资料的同时我们的大脑也在分析着资料:该资料体现了相关婴幼儿的依恋模式、语言发展、大肌肉动作发展和情绪管理等情况。由此可见,质性数据的整理和分析几乎是同步进行的。

2．及时整理和分析质性数据

在质性研究中,不仅整理和分析质性数据不能截然分开,整理和分析质性数据与在此之前的收集质性数据也是两个同步进行、相互交叉的过程。因此,在收集质性数据时我们已然开始对质性数据进行整理和分析,及时整理和分析质性数据对质性观察大有裨益。

首先,及时整理和分析质性数据有助于观察者在记忆消退之前补全和核对观察数据,提升质性数据的准确性。因为受观察时间的限制,观察者在观察过程中一般只能记录个别关键词,对细节的记录不太全面,所以需要及时整理实地观察的初级笔记,补全遗漏的信息和必要的细节内容,在完成后反复阅读核对,以确保无误。

其次,它有助于观察者系统把握已经收集到的质性资料,从而为后续是否需要对资料收集过程进行调整提供方向和依据。例如,观察者计划使用摄影机拍摄记录2岁婴幼儿闯闯在托儿所的亲社会行为发展情况,在收集了几天数据后,闯闯发现摄影机的存在表现得有些不自然。随后观察者便设法进行调整,尽量使摄影机隐蔽或者使用微型摄影机,直到闯闯几乎感受不到它的存在。由此可知,及时整理和分析质性数据调整收集方式有助于观察者在婴幼儿行为观察中收集到更多有效的观察数据。

最后,及时整理和分析质性数据有助于降低质性数据分析的复杂性和难度。在每日的访谈或观察后,研究者要趁着对现场记忆还鲜活的时候整理资料,这样记录的内容较为准确,也能确保一些重要的事件和细节不会遗漏。[①] 在对婴幼儿行为进行质性观察时,如果我们不及时整理和分析质性资料,数据越积越多不仅会让我们感到无从下手,而且会使我们迷失方向,质性观察就变成了纯粹的资料堆积。

(二) 质性数据整理和分析的步骤

1．阅读原始质性数据

由于对质性资料的整理和分析需要基于我们对资料的理解,因此质性数据整理和分析的第一步是认真阅读原始质性资料,理解并熟悉资料内容,仔细琢磨其意义和相关关系。在阅读原始质性资料时我们还需注意如下三方面的问题。

一是需要对原始资料采取"投降"的态度,即暂时搁置自己对资料的前设和价值判断,尊重原始资料,让资料自己说话。如果我们不注意资料本身的声音,很可能会过多地受到自己声音的影响,从而对文本作出过度解读,解读出文本本身不包含的内容或没有强调的问题。此外,反复多遍阅读资料,与资料有充分的互动也是恢复资料真实面貌、让资料自己说话的有效措施。

二是需要对自己在阅读资料时产生的感觉和体悟"投降"。关注原始资料的声音并不是说就要完全

---

① 高妙.学前教育研究方法导论[M].北京:高等教育出版社,2019:26.

忽视每个阅读个体的声音。基于建构主义理论,不同个体在阅读同一质性资料时都会因为受到自己过往生活经历和阅读能力的影响而产生不同的感受和想法,这些反应都是我们理解资料的基础。

三是需要在阅读过程中完成寻求质性数据意义的任务,这是阅读原始质性资料的核心任务,做到上面两个"投降"也是为最终寻找意义服务。那如何寻觅质性数据的意义呢? 一般来说,我们可以从观察目的(或者目标、主题)层面寻找与观察目的(或者目标、主题)相关的、反复出现的行为和意义模式。如表 3-2-1 所示,观察目标是婴幼儿的同伴互动行为,因此寻找意义主要围绕这一主题展开,基于案例中的质性数据我们寻找到的意义有询问、忽视、回应、提出建议、争夺物品、拒绝等同伴互动行为。

表 3-2-1 寻找质性数据的意义

观察者:小米	观察日期:2021.4.12	观察活动:自主游戏活动
观察对象:××	性别:女	年龄:2 岁 8 个月
开始时间:9:30	结束时间:9:35	观察目标:同伴互动行为
轶事记录		寻找意义
自主游戏时间到了,小米和小文一起到益智区玩磁力积木。小米一边拿起几个大磁力积木片准备搭建,一边看着旁边的小文,问:"你会搭吗? 我家里也有。"小文埋头自己搭自己的,没有回话。小米见小文没有回话,一边搭建自己的东西,一边不时地看着小文搭建的是什么。小米探过头去问:"这是房子吗?"小文点点头说:"是的。"小米说:"给你一个三角形,可以放在这里。"说着伸手递过去一片三角形的磁力积木,小文用手挡了回去,说:"不要。"小米被拒绝后,拿回了自己的三角形磁力积木,又自顾自地玩起来了。		询问 忽视、询问 回应 提出建议 被拒绝

2. 登录质性数据

接下来一个步骤是登录。登录是质性数据整理和分析中最基本的一项工作,寻找质性数据的意义也主要通过登录来完成,正如表 3-2-1 中的例子所示。登录是将收集到的质性数据打散,赋予其概念和意义,然后再以新的方式重新组合在一起的操作过程。针对质性数据的登录我们需要解决如下两个问题。

第一,要清楚我们应该对哪些质性数据进行登录。通常我们收集到的原始质性数据一般内容非常多且庞杂,对每一个词进行登录不切实际。我们应该对那些与观察目的联系最为密切的质性资料进行登录,即登录哪些质性数据在很大程度上取决于观察目的。因此,在进行登录工作前,我们必须先明确观察目的,在登录过程中,如果我们对资料的取舍摇摆不定时,可回顾和思考观察目的以帮助我们进行选择。

第二,要明确质性数据的登录是怎样一个过程。一般来说,质性数据的登录包括如下三个过程:一是确定思考单位,二是设码,三是进行登录。为了让大家更好地理解和进行登录,我们将结合案例 3-2-1 来具体阐释。

首先是确定思考单位。思考单位可被视作对质性资料进行分类的依据。例如,在收集到有关婴幼儿攻击性行为的质性观察资料时,我们可以依据攻击性行为的表现类型、原因和结果对资料进行分类,其中表现类型、原因和结果分别是一个思考单位。而在案例 3-2-1 中,由于其观察目的是婴幼儿的行为,那么其思考单位可以是行为发生的情境、行为的具体内容、行为中的互动情况等。

其次是设码。设码是将思考单位下边更细的行为类别设定码号,码号是质性数据分析中最基础的意义单位,通常用词汇来表示。如何寻找码号? 主要有两种方式,一种方式是依据已有研究或相关理论来确定码号。例如,依据攻击性行为的相关研究,我们知道攻击性行为的表现类型有身体攻击、言语攻击和间接攻击,引发攻击的原因有敌意性攻击和工具性攻击,攻击导致的结果有受到教师批评或惩罚和没有受到教师批评或惩罚,那么我们便可将身体攻击、言语攻击、间接攻击、敌意性攻击、工具性攻击、受到教师批评或惩罚和没有受到教师批评或惩罚作为码号来对数据进行设码。另一种方式是依据质性资料中有关词语或内容出现的频率来确定码号。如果某些词语或内容在资料中反复出现,形成了一定的"模式",那么这些词语或内容往往是资料中最为重要的内容,需要进行重点登录。当然,将这两种方式结合起来使用是最有效的设码方式。针对案例 3-2-1,观察的目的是了解婴幼儿的行为,目前研究较多的婴幼儿行为有告状、合作、假想等,再结合案例中的质性数据发现,除了可以对告状、合作和假想行为设码,我们还可以对询问、布置、制止、支配等行为进行设码,具体设码结果如表 3-2-2 所示。

表 3-2-2　质性数据设码

观察者:程相茹	观察对象:欢欢	观察活动:娃娃家活动
开始时间:8:45	结束时间:9:15	观察目标:婴幼儿行为
轶事记录		设码
欢欢走到娃娃家,拿出一块积木又放回去,走过来问教师:"你在干吗?"接着拿出大围巾当桌布铺在垫子上,再拿小篮子放在中间,跟陈玲说:"我们来玩。"陈玲拿珍珠链子,欢欢说:"不行!不许动妈妈的东西。"就抢过来放回去,接下来把小积木倒出来,放在大铁盘里,再用布包起来,跟李婷说:"你当妈妈。"跟张希说:"你当姐姐。"然后把积木放进另一个篮子里炒菜,再拿红积木做辣椒,放进篮子,另一个女孩要加入,她说:"不要动啦,人家在玩。"又跑去拿积木加料,跑一圈去厨房,跟同伴用桌布将菜盖起来,然后看到在地上断掉的项链,问小朋友说:"这是谁拉的?"然后欢欢跑来跟教师说:"教师,有人把项链拉坏了。"随后把项链放回去,抱住两位女生,然后摸一摸另一个女孩(扮作猫)的脸颊,说悄悄话,又扮小猫爬,发现放在旁边的菜被搬动,立刻跑过去说:"不许动!"就把菜端走。接着,一女孩躺在地上当病人,欢欢拿起她的手,拿塑料管替她打针,又拿手帕当棉花给她擦药。		询问 假想、布置 支配、制止 抢夺 支配 假想 制止 假想、合作 询问 告状 假想 制止 假想

最后是进行登录。为了使登录工作更加方便快捷,可以用数字或字母代替文字码号,比如询问记为"XW"。正如项目二任务三中所提到的,使用中文词汇的拼音缩写最有助于观察者在短时间内记住和灵活使用码号。

三、质性数据的解释

(一)确立类属

婴幼儿行为解释是对质性数据更为深入地整理和分析,具体而言是对上一部分已经登录的码号按照一定的标准进行归类和整理,据此作出更进一步的解释。因此,解释婴幼儿行为的第一步是确定归类标准,即类属。什么是类属?类属是质性数据分析中的一个意义单位,代表了数据所呈现的一个观点或一个主题。类属与前边的码号有什么区别?码号是资料分析中对资料进行登录的最小意义单位,而类属是资料分析中一个比较大的意义单位。码号是资料分析中最底层的基础部分,而类属是建立在对许多码号的组合之上的一个比较上位的意义集合。码号和类属是相对而言的,不存在哪一个概念是绝对的码号或类属,在某一个分类系统中是码号的概念可能在另外一个分类系统中成为类属,而在某一个分类系统中是类属的概念可能在另一个分类系统中成为码号。例如,在导入案例中合作是一个码号,而在一段以异性合作、同性合作、分享型合作、统率型合作为码号的资料中,合作就成为了类属。基于导入案例的码号,我们可以建构出下面这张类属分析图。

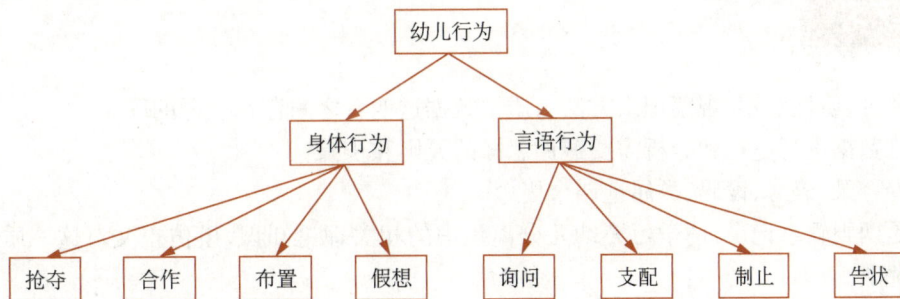

图 3-2-2　婴幼儿类属分析图

（二）进行归类

在登录了质性数据的码号并确立了归类类属后，下一环节便是进行归类，我们可以绘制类似于下面的表格来进行归类。之所以要记录页码，是因为通过质性观察收集到的质性数据少说几十页，一般都是成百上千页，记录页码有助于我们后期再次核对检查，即这一页登录的码号是否与相应资料匹配以及每一页的码号数量是否正确；其次，有利于准确统计行为出现的频数，主要是通过记录每一种码号出现的页码，即码号在某一页出现了几次，就记录几遍这一页码，例如，码号假想在第一页出现了5次，那么就在假想码号对应的"出现页码"栏记录5个1，如下表所示，最后我们只需统计页码数量，页码数量即码号对应行为出现的频数。

表 3-2-3　质性数据归类

类属	码号	出现页码	出现频数
身体行为	抢夺	1	1
	合作	1	1
	布置	1	1
	假想	1, 1, 1, 1, 1	5
言语行为	询问	1, 1	2
	支配	1, 1	2
	制止	1, 1, 1	3
	告状	1	1

（三）解释行为

正如这一任务开头所说的，质性研究不以验证某一假设，获得普遍结论为目的，它比较聚焦个别事物细致和动态方面的内容，以探索和解释为目的，因此质性观察也不是大规模的调查和预测，而是对个别婴幼儿行为的解释。在解释婴幼儿行为阶段，我们要寻找习惯行为。习惯行为就是婴幼儿经常出现的行为，反映在上表中就是出现频数最多的行为。如果没有发现这样的习惯行为，可能是观察次数不够，还有可能是因为在分析时登录的码号前后不一致，从而导致相同意义的行为登录的是不同的码号，所以习惯行为没有被凸显出来。通过表3-2-3的统计，我们可以对欢欢这一行为做出如下解释：在娃娃家活动中，欢欢的语言行为和身体行为表现较为平衡，出现最多的习惯行为是假想，同时禁止性和命令性的语言也使用较多。这主要和这个阶段婴幼儿的认知发展特点有关，处于前运算阶段的婴幼儿有较强的自我中心倾向，因此常常在游戏中"唯我独尊"，对其他婴幼儿使用禁止性和命令性的语言。同时他们的思维尚未达到可逆的水平，因此无法通过逻辑推理对现实和想象进行辨别，因而他们对假想乐此不疲。

拓展练习

1. 质性研究、质性观察、观察记录方法与质性数据这四者之间存在怎样的联系？
2. 对质性数据进行整理和分析需要遵循怎样的原则和步骤？
3. 请解释登录、码号、设码、类属这四个概念。
4. 下面是两则轶事记录，请学习婴幼儿分离焦虑的相关理论知识，模仿正文对这一质性数据进行整理、分析和解释。

表 3-2-4 关于分离焦虑的质性数据

观察者:李雨欣	观察时间:开学前二周	观察目标:分离焦虑
观察对象:月亮	性别:女	年龄:2岁10个月

轶事记录1	"我要爸爸!"接下来就是一阵哭声……月亮是班里个子最高的孩子,同时也是哭得最厉害的孩子之一,从早上进入教室和家长分开那一刻起她就开始哭。为了安抚她,教师拿了一个穿粉红色裙子的娃娃给她玩,她倒也不像有的婴幼儿那样发脾气地把娃娃扔开,而是把娃娃推到桌子中央摆好,自顾自地继续哭着,时不时地冒出一句"我要爸爸!"。即使到了用餐的时候她的哭声也不曾停止过,边吃饭边哭泣,当然依然伴着那句"我要爸爸!"。一天当中,无论是室内的活动还是户外的活动,无论是用餐还是睡觉时,都可以看到她哭泣的面庞,眼睛总是红肿着,并时不时地来一句"爸爸妈妈!"或"我要爸爸!",只有到了看到来接她的家长的那一刻,她的嘴角才露出一丝笑意……
轶事记录2	这学期开学第二周了,月亮没有其他婴幼儿适应得那么好,还是时不时地会哭,不过已不像第一个星期那样长时间地大声哭,只是在早上与家长分离时会哭得厉害一些,其他时候多是偶尔抽泣一下,但是月亮依然不参加教师组织的活动。现在是集体活动时间,婴幼儿们在教师的带领下玩着开小火车的游戏,笑容洋溢在他们的脸上,而此刻的月亮正静静地坐在椅子上,双手拿着从家里带来的小象,眼睛红红地看着其他小朋友做游戏。教师走过来把她拉进小朋友当中一起做游戏,然而月亮又走回自己的椅子旁坐下……

任务三 基于观察数据的婴幼儿行为评价

微课 3-3
如何基于观察数据评价婴幼儿行为

案例导入

[案例 3-3-1] 观察 10 个月大的苗苗[①]

动作功能 (8～12个月婴幼儿的动作发展)	非常不符合	有些不符合	一般	有些符合	非常符合
能伸出单手取物,并抓握他人给予的物品					√
将物品由一手换至另一手,能够操作物品					√
能堆积物品,或将物品嵌入另一物品中			√		
用镊子捡拾小物件或食物	√				
故意掉落或丢物品,但无法刻意放下物品				√	
开始有能力站立			√		
开始能独立站立,依靠家具作为支撑物,用侧步移动的方式环绕障碍物					
用手及膝盖爬行,在楼梯上爬上爬下				√	

---

① 表格引用自:韩映虹. 婴幼儿行为观察与分析[M]. 上海:上海科技教育出版社,2017:72.

问题思考：

赵老师使用上述表格对 10 个月大的苗苗进行观察并获得的相关资料。基于这一资料思考如下两个问题：

1. 目前有哪些评价范式，婴幼儿行为观察评价属于哪一种范式？
2. 基于案例中的观察资料你会对苗苗的动作发展作出怎样的评价？

任务要求

结合上述案例 3-3-1，了解婴幼儿行为观察评价的缘起和内涵，知道为什么需要进行婴幼儿行为观察评价以及什么是婴幼儿行为观察评价。学习婴幼儿行为观察评价的价值，明白这一评价范式对婴幼儿、家长和教师的意义所在。同时，基于案例学习用观察数据对婴幼儿行为进行评价时需要注意的问题，能基于观察数据对婴幼儿行为进行评价。

核心内容

一、婴幼儿行为观察评价概述

（一）婴幼儿行为观察评价的新变化

近年来人们开始对正式的标准化的评价方法进行反思，提出了与之相对的非正式评价方法。表现性评价作为一种非正式评价的新型范式，自二十世纪八九十年代被提出后越来越受到大家的关注，"最初表现性评价只是一个与传统标准化测验相对立的术语，发展至今已成为一种独立的教育评价方式"[①]。表现性评价，又称真实性评价，是根据儿童在真实或有意义的任务或活动情境中的实际表现来评价他们对周围事物或关系的认知与理解[②]。婴幼儿行为观察评价作为一种表现性评价在此背景下应运而生。目前的评价范式有标准化评价和表现性评价，婴幼儿观察评价属于表现性评价。

表面上看，婴幼儿观察评价是评价范式转变的产物，但实际根源于评价理念的变革，具体体现在如下四个方面：

一是评价取向的多元化。《幼儿园教育指导纲要（试行）》指出要"从不同的角度促进婴幼儿情感、态度、能力、知识、技能等方面的发展"。因此，婴幼儿评价不再重点聚焦他们对知识技能的掌握情况，而是更多地关注他们是否获得了全面发展。

二是评价情境的自然化。《幼儿园教育指导纲要（试行）》指出评价要"在日常活动与教育教学过程中采用自然的方法进行"。因此，我们不再需要专门设置相关活动对婴幼儿进行评价，而是将评价渗透在婴幼儿日常真实的生活、游戏和学习活动中。

三是评价主体的多元化。《幼儿园教育指导纲要（试行）》指出："管理人员、教师、婴幼儿及家长均是幼儿园教育评价工作的参与者，评价过程是各方共同参与、相互支持与合作的过程。"因此，婴幼儿评价不再是教师对婴幼儿进行的单向评价，更加注重发挥婴幼儿在评价中的主体性地位，鼓励婴幼儿积极参与自评和互评，从而帮助他们更加客观地认识自我。

四是评价手段的多样化。随着科学技术的发展，婴幼儿评价手段不再局限于现场的纸笔记录，而是将现场笔录、录音、录像、幼儿档案袋、家园联系册等多种评价手段有机结合起来，多方位积累原始评价素材，增强评价的真实性、客观性和科学性。

---

① 赵德成，夏靖. 表现性评价在美国教师资格认定实践中的应用及其启示[J]. 外国教育研究，2008(2)：11.
② Wortham, S. C. *Assessment in Early Childhood Education*[M]. 3rd ed. New Jersey：Merrill Prentice Hall，2001：13.

　　婴幼儿行为观察评价是一种为促进婴幼儿全面发展,使用直接观察和间接观察相结合的评价手段,以观察者和婴幼儿为评价主体,在日常真实的情境中进行的活动,因此婴幼儿行为观察评价是一种承载了上述现代评价理念的评价范式。

(二) 婴幼儿行为观察评价的内涵

　　评价是从各种来自实际的证据中收集相关信息,然后组织并解释这些信息的过程。婴幼儿行为观察评价是指观察者基于系统观察,"根据婴幼儿在真实或有意义的任务或活动情景中的实际行为表现来评价他们对周围事物或关系的认识与理解"[①]。下面我们从三个方面来进一步阐释其内涵。

　　一是评价基于观察,而不是传统的纸笔测验。在婴幼儿行为观察评价中,观察既是婴幼儿行为评价的基础,也是贯穿整个评价过程的重要评价方法。观察者通过使用项目二中介绍的轶事记录、检核表、时间取样、事件取样、作品取样、影音记录等观察记录方法,有目的、有计划地对婴幼儿行为进行科学系统的观察,全面了解他们真实的发展情况和个性特征等,为后续评价打下基础。

　　二是评价在日常真实的情境而不是实验室情境中展开。因为只有在日常真实的婴幼儿活动情境中展开,观察者才能在最大程度上观察到真实的婴幼儿行为表现,获取婴幼儿真实的发展水平和个性特点,故表现性评价也被称为真实性评价。此外,在真实情境中评价婴幼儿还有助于考察他们在类似生活情境中面对相似问题时分析问题和解决问题的能力。

　　三是评价的目的是促进婴幼儿全面发展而不是区分婴幼儿的发展水平和优劣层级。通过评价将婴幼儿分成三六九等是没有意义的,因为每一个婴幼儿都是不断发展的个体,他们当下的发展水平并不代表他们将永远处于这一发展水平。由此可见,传统的标准化评价与现代儿童观扞格难通。为何婴幼儿观察评价能促进婴幼儿全面发展? 婴幼儿行为观察评价是基于对婴幼儿各种活动观察的评价,因此观察的对象是婴幼儿活动的过程,评价则是对活动过程中婴幼儿各方面表现的评价,通过全面的评价促进婴幼儿全面的发展。

二、婴幼儿行为观察评价的价值

(一) 有助于全面了解婴幼儿

　　婴幼儿行为观察评价为何能帮助观察者全面了解婴幼儿? 主要有两个方面的原因:一是婴幼儿行为观察评价符合现代学习理论所倡导的理念。婴幼儿行为观察评价,作为一种表现性评价,受到了建构主义和情境认知理论等现代学习理论的影响。传统学习理论的支持者认为,知识是客观的、稳定的。而现代学习理论的倡导者们则认为知识是主观的、不稳定的,会随情境变化而变化。个体在学习中不是去习得知识固有的意义,而是自己去建构有关世界的意义。由此,脱离情境的学习和评价对婴幼儿来说是无意义的。传统的标准化测验更多的是反映婴幼儿当前达到的发展水平,却无法反映他们是如何学会的或者为什么学不会。学习的结果固然重要,但学习的过程更为重要。婴幼儿行为观察评价是一种将学习过程和结果相结合的评价,通过对一个个情境和一件件作品的观察,我们不仅能了解婴幼儿当前的发展水平,还能获悉他们是如何学会的或者为什么学不会,通过更全面地了解他们来帮助他们更好地学习和发展。

　　二是婴幼儿行为观察评价特别符合婴幼儿的发展特点。虽然婴幼儿期是语言发展的关键期,但他们的语言理解、表达和书写能力相较于学龄期的儿童仍十分有限。即使他们对周围事物或事物之间的关系已经有了相当的了解,但却难以用口头语言清楚有逻辑地表达,更不用说用书面语言了。婴幼儿处于皮亚杰认知发展阶段的感知运动阶段和前运算阶段,比较擅长运用操作活动来表达自己的理解。因此,相较于访谈和测验,观察是最能全面了解婴幼儿的方法。

---

　　① 周欣.表现性评价及其在学前教育中的应用[J].学前教育研究,2009(12):28-33.

（二）提升评价结果的说服力

基于观察的婴幼儿行为评价，评价结果更具说服力，主要有两个方面的原因：一是婴幼儿行为观察评价相较于标准化的测验或测查，能较大程度降低婴幼儿参与评价的心理焦虑和压力，从而使得婴幼儿展现出更多真实的表现。测验或测查情境较为正式，婴幼儿在这类情境中参与评价，容易受到多种情境因素的影响，反应极不稳定，年龄越小影响越大。同时，测验或测查会引发婴幼儿进行社会比较，预知自己在比较中将处于劣势地位的婴幼儿，在面对评价任务时会过于紧张和焦虑，从而抑制其真实水平的展现。而婴幼儿行为观察评价的情境是非正式的，通常是婴幼儿的日常生活和学习情境并且关注的是婴幼儿自身学习与发展前后情况的变化，并不会将每一位婴幼儿与常模或其他婴幼儿进行横向比较，即每一位婴幼儿只跟自己比较，因此，参与观察评价的婴幼儿心态较为轻松，有助于观察者获取他们的真实表现，从而提升评价结果的说服力。

二是婴幼儿行为观察评价的证据更为全面丰富。相比于对婴幼儿进行访谈、实验或测查，观察能获得婴幼儿更全面更丰富的信息。回顾项目二的内容，常用的婴幼儿行为观察记录方法有六种：轶事记录、时间取样、事件取样、检核表、作品取样和影音记录，综合运用这些方法，我们可以获取婴幼儿身体、语言、认知、社会性、记忆、想象、情感等各个方面的发展信息，而且通过观察我们可以收集到更为丰富的评价证据，例如轶事、作品、视频、音频、图片、统计表等各种形式的资料，不同形式的资料之间可以相互佐证，从而提升评价结果的可信性。

（三）促进托幼园所教师专业发展

"成为一个教师最难和最重要的任务是学习如何准确地评价个体儿童，以及运用评价的结果来进行课程的计划和教学"[1]。因此，婴幼儿行为观察评价是学前教师专业发展的重要内容，学习婴幼儿行为观察评价能促进学前教师专业发展。具体而言通过如下两种方式实现：一是婴幼儿行为观察评价有助于提升学前教师系统观察和准确评价婴幼儿的能力。在学前教育实践中，教师都有通过观察婴幼儿在游戏、学习、生活等各种活动中的行为表现来了解和评价儿童的经验，但多为简单、随机的观察和直觉性的评价。这种直觉性的评价是一种感性评价，虽然它有一定的价值，但也存在局限性，研究表明这种评价有利于教师对"知识型"任务作出准确判断，但对于需要婴幼儿分析推理或抽象思维的"智力型"任务，教师仅凭直觉难以作出准确判断[2]。教师通过观察和评价，能清楚了解婴幼儿的真正需求、能力和兴趣，积累经验，为专业发展奠定坚实的基础。

二是婴幼儿行为观察评价能服务于课程实践，帮助学前教师对课程不断作出反思，从而设计出更多符合婴幼儿兴趣、满足其发展需求的课程。而学前教育阶段是活动课程，早教机构或托幼园所的一日生活中的所有活动都属于课程范畴。婴幼儿行为观察评价正是在一个个真实的活动情境中进行的，因而能够帮助教师基于评价信息来判断当前活动的目标、内容和方式是否适合孩子，并根据活动效果调整活动方案。由此，婴幼儿行为观察评价的结果能为学前课程的设计和修改提供相关信息。

三、基于观察数据的婴幼儿行为评价

（一）尊重观察数据，避免过度评价

在基于观察数据对婴幼儿行为进行评价时，我们要学会向数据"投降"，尊重客观数据，避免对数据的过度评价，既不要基于自己已有的相关经验或者已经掌握的相关理论对观察数据妄加揣测，更不要无

---

① Chen, J. Q., McNamee, G. D. *Bridging: Assessment for Teaching and Learning in Early Childhood Classrooms*, Prek-3[M]. Thousand Oaks, CA: Corwin Press, 2007:1.

② 熊庆华,庞丽娟,陶沙,张华. 教师对幼儿数学能力评价准确性的研究[J]. 学前教育研究,2003(2):29-31.

中生有,捏造出一些数据根本没有反映的内容。那么,如何做出与观察数据一致的评价呢?从观察数据到评价不是一蹴而就的,其中必须经过分析环节。观察数据是对观察内容有组织、有逻辑的再现,分析观察数据则是对观察数据的提炼和概括,但不会超越具体的观察资料,而评价环节则是对分析文本的再一次提炼和概括。与前一环节不同的是,它一般会跳出具体的观察资料做出推论,并且还会结合相关背景信息对推论做出合理的解释。

仍以案例3-3-1为例,基于导入案例的观察资料,我们可以扩大观察范围,进一步统计出每一名婴幼儿动作发展的具体得分水平,根据具体得分水平对案例中的苗苗或者其他婴幼儿的发展水平进行分析。

(二)不做好坏评价,了解分析是关键

婴幼儿行为观察的目的是为了更好地了解婴幼儿真实的发展水平、兴趣和需求,理解他们的行为并最终帮助他们发展。因此,在对婴幼儿行为进行观察评价的过程中我们不用急于对他们的表现作出好坏评价,了解和理解婴幼儿才是关键。虽然我们在任务二中说过,收集和整理分析观察资料几乎是同步进行的,但是评价不能同步进行,因为它需要综合并组织各种信息,因此观察资料需要比较详细和丰富。资料越丰富越详细,越了解婴幼儿,评价结果就越具有说服力。

(三)进行全面评价,找到闪光点

婴幼儿行为观察评价的目的是促进婴幼儿全面发展,因此,为达到这一目的,我们应该对婴幼儿进行德智体美的全面评价。美国教育学家加德纳的多元智能理论认为,人的智能是多元的,每个人身上至少存在八项智能,即语言智能、数理逻辑智能、音乐智能、空间智能、身体运动智能、人际交往智能、自我认识智能、认识自然的智能。因此,我们对婴幼儿行为进行观察评价时要尽量全面,包含上述方面,要让婴幼儿看到自己在优势领域的闪光点,帮助其建立个体自信。

拓展练习

1. 婴幼儿行为观察评价具有哪些特点?
2. 为什么要强调基于观察对婴幼儿行为进行评价?
3. 在基于观察数据对婴幼儿行为进行评价时需要注意哪些方面?

项目小结

项目三主要涵盖了三个方面的学习任务:婴幼儿行为观察的量化数据、婴幼儿行为观察的质性数据以及基于观察数据的婴幼儿行为评价。在收集到观察数据后我们需要先对数据进行分类,如果是量化数据,我们可以先选择一些基本的统计方式对数据进行统计,然后选择适宜的图表直观呈现数据;如果是质性数据,我们可以先基于质性数据整理与分析的原则和步骤对其进行整理和分析,然后再参照解释步骤进行解释。最后是基于观察数据对婴幼儿行为进行总的评价。

聚焦考证

案例题【学前教育成人自考真题-儿童心理学】
根据婴幼儿告状行为检核表,通过统计分析得出结论。

婴幼儿告状行为检核表

告状儿	被告儿	告状情绪				告状原因						判断	处理方式				
		哭	生气	紧张	笑	被人欺负	别人被欺	违反规则	引起教师关注	不喜欢被告儿	获取同伴友谊	真假	安抚情绪	与被告儿沟通	邀请双方沟通	与告状儿沟通	暂停活动处理
赵	吴		✓							✓		△				✓	
钱	郑		✓					✓				●				✓	
钱	王	✓				✓						●	✓	✓			
孙	王				✓		✓	✓				○				✓	
钱	冯			✓				✓				●	✓	✓			
李	陈			✓				✓				●		✓			
孙	褚				✓				✓		✓	△		✓	✓		
周	卫				✓		✓	✓				○				✓	✓

●真　△假　○半真半假

项目四
婴幼儿行为观察准备与实施步骤

通过前面三个项目的学习,我们主要掌握的是婴幼儿行为观察与指导的理论与方法,本模块主要归纳教师在进行婴幼儿行为观察时的准备与实施过程中的注意事项、常见问题及策略。因此,在本项目中,我们以婴幼儿行为观察的准备、婴幼儿行为观察的组织与步骤、婴幼儿行为观察中的常见问题及策略作为框架来探讨。本项目在全书中起到承前启后的作用,下一个项目我们将进入实践与策略的学习部分。

学习目标

1. 了解教师在进行婴幼儿行为观察时的准备事项及基本要求,初步掌握进行观察时的步骤。
2. 具备选择婴幼儿行为观察目标的能力。
3. 培养学生积极、主动探索婴幼儿行为观察与实施的发展现状的意识。

内容结构

婴幼儿行为观察准备与实施步骤
- 婴幼儿行为观察准备
  - 1. 观察者的专业思想准备
  - 2. 观察者的专业知识准备
  - 3. 观察者对婴幼儿家庭背景资料的准备
  - 4. 观察者与婴幼儿的关系准备
- 婴幼儿行为观察实施步骤
  - 1. 确定观察目的
  - 2. 制定观察计划
  - 3. 注意事项
- 婴幼儿行为观察中的常见问题及策略
  - 1. 婴幼儿行为观察中的常见问题
  - 2. 婴幼儿行为观察的策略

任务一　婴幼儿行为观察准备

案例导入

［案例 4-1-1］　一次户外观察记录

某教师为了完成托育机构布置的"婴幼儿行为观察与记录的任务"，而选择了对婴幼儿的一次户外活动进行观察与记录。其观察记录如下：

宝宝 A 沿着路的边儿慢慢地走，眼睛盯着路边的草坪。遇到有台阶的时候，他跳了下去，又走上来，似乎觉得很有意思。接着又开始沿着路边走，走着走着变成横着走，即整个人垂直于路的边缘走。

宝宝 B 从出来就坐在花坛边，时不时嗦一下手指，两眼放空像在发呆。她平时的好朋友宝宝 C 过来找她，两人拉着手去看花了。

宝宝 D 则一直热衷于小草，他略显吃力地弯着腰看地面上的草，时不时前倾身子伸出手去触摸小草。

看到他们在户外玩得那么开心，我感觉此次的活动开展得非常顺利，因为孩子们都根据自己不同的兴趣、爱好，在这次活动中体验到很多生活里的乐趣，学到了知识。

问题思考：

案例中，托育机构保教负责人布置任务前要对教师进行专业的培训。观察过程中，教师作为观察者主要需要思考以下三个问题：

1. 进行婴幼儿行为观察的目的是什么？
2. 需要做什么准备才能达成目的？
3. 怎样才能有效地实施婴幼儿行为观察？

对这三个问题的回答也是婴幼儿行为观察得以顺利进行的保障。

任务要求

理解观察者在进行婴幼儿行为观察之前应做的准备工作。明确观察者在婴幼儿行为观察的实施过程中扮演的不同角色对观察的影响。掌握专业的观察技巧进行婴幼儿行为观察，作为婴幼儿教师从事专业观察，应该做哪些准备，是本任务的学习重点和难点。

核心内容

婴幼儿教师对婴幼儿行为的观察是专业性观察，是根据一些特殊的标准，有目的、有计划地通过观察、记录与分析，进而准确地找出不同婴幼儿的兴趣、爱好、需求及特点，是了解婴幼儿行为发展的最好途径之一。因此，对婴幼儿行为进行观察需要观察者具有观察与记录的专业知识，且在行动上、思想上都应有所准备。

一、观察者的专业思想准备

常听到有婴幼儿教师说自己平时要备课、组织学生活动、教研,根本没有多余的时间对婴幼儿进行专业的观察记录,即使有零散的时间,也不知道该如何合理且有效地将这些时间碎片利用起来进行婴幼儿行为观察的准备、组织、实施与分析。

一些教师对婴幼儿行为进行的观察与记录并没有厘清自己的角色,到底是观察者还是教师,态度只能是敷衍了事,角色不能准确定位;少数教师虽然能够积极认真地进行行为观察记录,但是却缺少专业的观察技术,缺乏专业分析的能力,更别说利用观察记录进行婴幼儿行为的指导了。

下面是一位婴幼儿教师的观察记录案例:

[案例4-1-2]　对安安的观察

观察时间:2019年10月13日

上午9:30,安安拿着一块大的泡沫积木走到一个小推车那里,将一些物品装入小推车后,又将车推到了阅读区,将物品从小车中取出,放在地上,随后找了一本图画书,坐在地上开始翻看。

上午9:45,安安放下手中的书,好像看到别的小朋友在那边堆积木,有声音在吸引她,于是,安安走过去,看着他们玩,也想要玩堆积木了。在旁边待了一会儿,顺手拿起大的塑料积木,自己在一旁堆了起来。

上午10:00,安安已经堆了好几个建筑堆了。其余玩积木的小朋友们也堆了好多形状不一的建筑堆。大家都开心,笑着,此时的孩子们都很开心,感觉安安也开始喜欢上玩积木了。

在实践中,以上类似于案例4-1-2这样流水账记录情况还有很多,既没有开头,也没有结尾,根本无法看出该婴幼儿教师的观察目的与意义是什么。

同时,该婴幼儿教师的观察记录也没有任何的观察计划,类似于日记,用来记录当天婴幼儿发生的事情经过。从这样的记录中,我们无法得知该婴幼儿教师所记录的内容的意义。与此同时,该婴幼儿教师所采用的记录方法掺杂了自己的主观意识,也并非轶事记录所要求的"白描"手法。

婴幼儿教师在进行婴幼儿行为观察的时候,常出现上述问题,归根结底还是他们并未做好婴幼儿行为观察的思想准备,没有深刻地意识到婴幼儿行为观察对婴幼儿发展及其自身专业化发展的重要意义,因此,他们很难发挥主观能动性,最终也会导致观察记录丧失其价值。所以,教师作为观察者首先要在思想上认识到婴幼儿行为观察的重要性。

二、观察者的专业知识准备

观察婴幼儿是观察婴幼儿的发展,通过其行为判断其发展状态、发展水平和在发展中可能遇到的问题,这些都需要建立在观察者对婴幼儿发展的应然状态有一定的了解基础之上的。另外,观察者并不都是"旁观者",很多时候观察是在开展其他教育活动中进行的,这也需要观察者拥有一定的教育知识和教育智慧来判断是否进行介入式观察。[①]

(一)观察者对婴幼儿发展的正确认识

在观察者对婴幼儿行为进行观察前,不仅需要在思想上做好准备,还需要对婴幼儿行为发展的专业知识进行充分准备,即能够正确地认识婴幼儿及其行为发展。现如今,大多数针对婴幼儿行为的观察与评估目的导向性都较强,围绕着"这个孩子怎么会有这样的行为?""该如何才能帮助'问题儿童'?"而展开,而不是在思考:"孩子这样的行为意味着什么?""我该如何支持并鼓励这个孩子的发展?"还有一些教

---

① 潘月娟.学前儿童观察与评价[M].北京:北京师范大学出版社,2015:1.

师不理解到底什么才是婴幼儿应该有的行为,什么才是教师应该鼓励、支持婴幼儿发展的行为。因此,作为一名专业的婴幼儿行为观察者,首先应该熟练地掌握不同年龄阶段的婴幼儿发展特点及规律,客观地看待不同婴幼儿发展过程中呈现的个体差异性,了解婴幼儿发展中可能出现的问题,灵活地运用自己的专业知识找到应对的策略、方法,而所有的这些都离不开观察者建立在对婴幼儿行为观察之上的了解。[①] 只有当观察者对婴幼儿行为发展有正确的认识,并能坚持用发展的眼光去看待婴幼儿表现出的个体差异性,才能更好地了解婴幼儿的行为及其发展,提高自身在观察过程中的专业发展。

(二) 观察者对自身角色定位的认识

婴幼儿的行为观察与记录是观察者充分了解婴幼儿并为其设计教育活动的重要基础。观察者如何能够在时间不充足、事情繁琐的情况下,合理地实施婴幼儿行为观察呢? 这就要求观察者在对婴幼儿行为进行观察之前,对自己在婴幼儿行为观察过程中的角色有明确的定位。

1. 婴幼儿教师的角色转换

如果观察者是婴幼儿教师,那么首先需要将自己从教师的身份中抽出来,与同班的另一名婴幼儿教师协调好工作职责,以便于自己能够认真进行观察。然后,还需要找到一个合适的距离与方式对婴幼儿进行观察,确保自己的行为不会对婴幼儿产生干扰。比如,有的教师在观察自己班里的婴幼儿时,不巧与某婴幼儿产生了眼神接触,该婴幼儿的行为也许会因为此次的眼神接触而在行为上发生变化,此时的教师应该尽量地看向别处,避免进一步的眼神接触。大部分婴幼儿能够很快忘记你的存在,继续积极地参与到原先的活动中去,少数婴幼儿也许会因为察觉到你的意图而感到不安心,此时,你应该立即停止实施观察,另择观察时机,或者寻求其他专业人员的帮助。

2. 观察者角色的定位

无论你是婴幼儿教师还是相关领域的研究人员,你都须对自己在实施观察过程中的角色进行定位。

第一,旁观者。选择作为旁观者对婴幼儿行为进行观察,就要在某一选定的时间段内对婴幼儿个体进行有目的、有计划、有组织地观察记录,不介入婴幼儿的活动。

[案例 4-1-3] 安安的角色扮演游戏之一

名字	安安	性别	女	年龄	2 岁 3 个月
日期	2019 年 6 月 13 日	内容	角色扮演(购物)	观察者	×××
9:27	安安在自主游戏活动的时间,选择了角色扮演的游戏。她向放置着"超市购物车"的区域走去,途中从地上捡起了一块长方形积木和一张小卡片夹在手肘处。				
9:45	到达"超市购物车"附近的安安开始在不同的架子上取下一些塑料食物玩具,先在手上看看,再陆续地放进购物车内。(不停地重复该动作)				
10:08	等购物车的东西装满了,安安走到收银机前,拿出夹在手肘处的长方形积木和小卡片,用小卡片在收银机上划了一下,接着又将小卡片与长方形积木夹在手肘处。				
10:30	安安推着购物车到达了一个空地,将购物车里的东西陆续取出放置在一张桌子上,然后坐下。				

在案例 4-1-3 中,观察者没有直接参与到婴幼儿的角色扮演游戏中,只在旁边对其一系列的行为进行观察与记录,这样的方式能够确保观察者从一个客观的角度进行记录。作为旁观者进行观察的弊端是,观察者与被观察者之间的距离较远,且不能随时针对自己不理解的行为与婴幼儿进行沟通,因此,很难深入地了解其行为的真实目的与意义。

第二,参与者。选择作为参与者对婴幼儿行为进行观察,通常需要在进行观察之前确定好观察目的、对象、内容,然后有针对性地对某些特定的方面进行观察记录。在观察过程中,观察者可以介入婴幼儿的活动,能够随时根据需要与婴幼儿进行互动与沟通,一方面可以建立两者之间的联系,另一方面也

---

① [美]沃伦·R.本特森.观察儿童——儿童行为观察记录指南[M].于开莲,王银玲,译.北京:人民教育出版社,2009:8.

可以进一步了解婴幼儿行为的真实原因。

［案例 4-1-4］　安安的角色扮演游戏之二

名字	安安	性别	女	年龄	2 岁 3 个月
日期	2019 年 6 月 14 日	内容	角色扮演（购物）	观察者	×××
9:25	今天,安安在自主游戏活动的时间里仍旧选择了角色扮演游戏"购物"。她起身走向"超市购物车"的区域,途中从地上捡起了一个长方形的积木。我好奇地指着长方形积木问道:"这个是什么啊?"她指着她要去的目的地回答道:"买。"于是我又问:"你拿的是钱包?要去买东西,购物,对吗?"她点点头,继续往前走。				
9:50	她来到"超市购物车"附近,安安开始从各式各样的玩具、塑料玩具食物中寻找自己想要的东西。我问她:"你是在帮妈妈买东西吗?"她点点头说:"是的。"我问她:"你想要买什么呢?"她看着储物架和积木区,想了一下回答我说道:"牛奶、蛋糕,嗯,水。"看着她一直在找,我又问道:"你还需要什么呢?"她说:"苹果和香蕉。"说完,我看到她将一个圆形的积木放进购物车里。我上前指着圆形的积木问道:"这个是苹果吗?"安安点点头,说:"是的。"				
10:00	购物车的东西装满后,安安走到收银机前,拿出夹在手肘处的长方形积木,却没有小卡片,于是我问道:"你准备用什么付款呢?"她举着手中的长方形积木,说:"这个。"然后假装从里面拿出了一个东西,放在收银台。我问她:"你是不是用你的卡在付钱啊?"她边点头边说道:"是的。"				
10:20	付完钱,她又假装将卡放进长方形的积木。推着购物车,离开了购物区,径直来到了昨天的小木桌前,开始将购物车内的物品一件一件地放在桌上,随后,自己则坐在椅子上开始将"物品"一个一个地摆放在桌上。等所有的"物品"都摆放好了之后,便推着车离开了这个区域。				

案例 4-1-4 中的观察者与案例 4-1-3 中的观察者为同一人,她这一次选择的是参与者的身份,即介入到被观察者的活动中。可看出,观察者不断地在活动中根据自己想要了解的问题与幼儿进行问答式沟通,从而更准确、更深入地理解该婴幼儿行为的意义。例如,观察者想要确定长方形积木所代表的是什么,因此通过一问一答的方式了解到该婴幼儿将长方形积木看作是钱包的替代物。相较于案例4-1-3,观察者在与婴幼儿的互动中对其行为进行观察和记录。然而,案例 4-1-4 中,观察者既是观察者,也是参与者,其观察记录会带有一定的主观性,且对婴幼儿行为的产生有一定的导向作用,进而影响观察数据的客观性。

因此,采用参与者的身份进行观察,对观察者的能力要求较高,不仅需要与婴幼儿在适度的距离内进行观察,还需要观察者能够保持客观的态度对婴幼儿行为进行记录与分析。此外,由于观察者还要参与被观察者的活动,时间上也需要进行合理的安排,可以借助高科技手段进行辅助,比如,用录音笔、摄像机等设备将其过程先记录下来,再进行整理。

三、观察者对婴幼儿家庭背景资料的准备

婴幼儿的行为与自身的家庭背景有着密切的联系,且能在一日生活中体现出来。有时候,教师对于婴幼儿某些差异性行为会感到困惑。因此,为了准确、深入地了解婴幼儿行为产生差异的原因,观察者需要在观察之前对婴幼儿的家庭背景资料有所了解,做好准备。

［案例 4-1-5］　恺恺的"零食时光"

睡完午觉后,班级里的孩子们都陆续来到桌前开始"零食时光"。教师瑟琳娜留意到 2 岁 3 个月的恺恺,一个刚转学来的小男孩。恺恺一直安静地看着他盘中的食物,然后用手将牛奶端到嘴边,看了看,又闻了闻,将装有牛奶的杯子放下了。他将奶酪棒拨到盘子边,捡起一颗蓝莓放进嘴里,接着开始吃草莓和苹果。等其他孩子们都吃得差不多时,恺恺再次用双手端起杯子,然后小口地抿了一下,再将果汁一口气喝完。教师决定和恺恺的家长聊聊,原来恺恺一家来自中国,他的爷爷奶奶在家都会为他准备温牛奶、温水,恺恺之前也从未吃过奶酪棒,所以他不习惯。

在案例 4-1-5 中,观察者瑟琳娜经过与恺恺家长的沟通后意识到,她缺少对男孩家庭文化背景的了解,因为国籍、地区、家庭或其他某种因素都会导致婴幼儿行为的差异化表现。为了更好地观察婴幼儿的行为发展,观察者应该对婴幼儿的家庭背景资料有准备,切不可对婴幼儿的不同家庭背景带有偏见或歧视。

四、观察者与婴幼儿的关系准备

观察者在实施观察之前,一定要与婴幼儿建立一个熟悉、安全、舒适的关系。作为观察者,想要了解的是婴幼儿真实的行为意图与其发展水平。而婴幼儿只有在他们认为安全且舒服的环境中才能呈现出真实的反应。

[案例 4-1-6] 一次对婴儿教室的观察

班级	102	人数	10	年龄	0～2 岁
日期	2019 年 9 月 10 日	内容	小组阅读时间	观察者	××
9:45	今天是我第一次进行婴幼儿行为观察。现在是他们的小组阅读时间,教师带着 3 名婴幼儿一起准备进行小组阅读,3 名婴幼儿围着老师坐着。这个时候我走进教室,教师看向我,微笑地点了一下头,3 名婴幼儿也随着教师的目光看向我,其中有一名小女孩,一直看着我。这时,老师开始用着夸张的表情、动作与婴幼儿一起进行绘本阅读,但是这名小女孩还时不时地扭过头看我。				
9:55	此时,活动室里另外一名小男孩,本来是在旁边自己玩玩具,也注意到我的到来,然后突然就哭起来了,边哭边看我,教师怎么安慰都不行,直到我退到离该婴儿稍远一点的距离。				

如上述案例 4-1-6 中所示,婴幼儿对观察者的第一次到访有不同的表现,但可以看出,观察者的突然进来,对婴幼儿的行为已经造成了不同程度的影响。因此,无论是作为参与者还是观察者的角色进入到观察实施过程,都应事先与被观察的婴幼儿建立一定的关系,作为进行观察的基础。

拓展练习

阅读下面的材料,回答问题。

(一) 材料一

下面是一位学前教育专业的大学生对进行婴幼儿行为观察时的看法,他这样说道:

"去早教机构(包含 0～8 岁的婴幼儿)实习之前,我自信满满,觉得很容易就能找到观察对象和方法。来到幼儿园,我要做的先是适应环境,主班老师让我在最开始的几天多观察、多了解每个婴幼儿的情况。刚开始,我并没有觉得很难,但是却在长时间反复观察的过程中感到枯燥,经常会走神。好不容易观察结束了,要写观察记录的时候也比较迷茫,不知道到底应该写什么,最后只能想到什么就写什么了,而且最难的就是针对观察记录进行分析。虽然每天实习的时间不长,但是强度很大,杂事很多,很难做到一边观察儿童,一边做记录,无论是能力和客观条件上都有很大的困难。"

结合材料与你自己进行婴幼儿行为观察的实际经验,分析在进行观察前可能会存在的问题,为什么会存在这些问题。

(二) 材料二

下面是一位有多年教学经验的婴幼儿教师在接受相关采访时,针对婴幼儿行为观察的回答:

虽然我有多年的教学经验,也常常对婴幼儿的行为进行观察、记录,还会针对这些行为与其他老师进行讨论,但是包括我在内的很多老师其实都比较迷茫,我认为最主要的一点就是我们没有接受过相关的培训,并没有理论基础。有的时候我们真的无法在观察中找到"焦点",不知道应该从哪里开始,又要在哪里结束,导致最后我们的一些记录都跟"流水账"一般,内容也比较零散。一些年轻的教师也会将婴幼儿行为观察当作是一项任务,看到什么就记录下什么,在规定的时间内提交观察记录,完成此项任务即可。

1. 结合材料及自身经验,分析教师在实际的婴幼儿观察中存在着哪些问题。

2. 你认为进行婴幼儿行为观察需要做好哪些准备? 有哪些注意事项呢? 请结合实际情况详细阐述一下。

任务二　婴幼儿行为观察实施步骤

微课 4-2
实施婴幼儿
行为观察的
步骤

案例导入

[案例 4-2-1]　一名教师的观察计划

某教师为了更了解班级里婴幼儿的兴趣、爱好,计划对婴幼儿的行为进行观察。在实施观察之前,就已经选择好了班级、幼儿活动及观察、记录的方法,在正式实施婴幼儿行为观察的时候,严格按照所选择的目标、内容及方法进行观察记录。她的计划如下:

1. 目标班级:0～2 岁的婴幼儿班
2. 活动类型:幼儿的角色扮演活动(去超市购物)
3. 观察时间:上午 9:00—10:00;下午 3:00—4:00
4. 记录方法:时间取样法(观察并记录在这两个时间段,婴幼儿自主进行角色扮演活动的次数及时长)
5. 分析依据:根据婴幼儿进行某一特定角色的扮演次数,对她的兴趣、爱好进行分析。

问题思考:

通过案例思考与分析,该教师实施婴幼儿行为观察的步骤有哪几步? 该实施计划是否合理? 在实施观察之前,该教师是否设置了明确的观察目标、观察内容及观察记录的方法? 如果换作是你,你觉得有哪些注意事项?

任务要求

掌握实施婴幼儿行为观察的步骤,确定观察目的、观察内容及观察记录的方法,制定观察计划。制定观察计划是本任务的学习重点和难点。

核心内容

一、确定观察目的

在婴幼儿行为观察的准备中,确定观察目的对整个行为观察实施的道程起着导向作用,是选取观察内容的依据,也是分析观察数据的标准。

婴幼儿行为的观察绝非随机的、漫无目地进行的,因此,确定婴幼儿行为观察的目的是观察者首先应该做的,观察者需要仔细思考三个问题:为什么观察?想要观察什么?观察的结果用来做什么?

当我们有了明确的观察目的,我们自然有了观察动机,即知道了为什么要观察;有了观察内容,即知道了想要观察什么;也将会有对观察结论的预期,即知道了观察的结果可以用来做什么。因此,观察者首先要有明确的观察目的。

(一) 为了解婴幼儿的行为而观察

婴幼儿处于一个特殊的年龄阶段,尤其是婴儿时期,我们很难通过语言沟通了解其行为的意义。然而,我们可以通过观察并记录大量关于婴幼儿行为的信息,再对这些信息进行归纳与分析,对婴幼儿的行为和发展作出评价。

[案例4-2-2] 对轩轩洗澡的观察[①]

观察目的:了解婴幼儿的肢体动作发展情况　　观察对象:轩轩(9 个月)

观察时间:2016 年 10 月 5 日下午 6:25—6:35　　观察地点:家中浴室

观察方法:轶事记录法

观察内容:

到了浴室,妈妈将轩轩放进浴盆。轩轩坐在浴盆里,看到水里漂着的小乌龟洗澡玩具,便用左手手指拿起来递到了右手,接着放了嘴里。之后转身跪坐起来,双手抓着浴盆的边沿,一条腿站了起来,接着又支撑着另一条腿站了起来。妈妈让他坐下,并给了他一本洗澡书。轩轩两手抱着书放进了嘴里,使劲咬了几下,然后翻了几页,就扔到了水里,东看西看地找其他东西。突然,他看到了旁边凳子上放着的小鸭子,刚想去够,这时候奶奶进来了,一边叫着轩轩,一边伸出双手,轩轩转向奶奶一边,张开双臂开心地笑着。

从上述案例 4-2-2,我们可以看出观察者的目的是想要通过观察婴幼儿的日常活动来了解婴幼儿的肢体动作发展情况,采用轶事记录的方法客观地描述了婴幼儿的动作和表现,细节到位,能对该名婴儿的动作发展作出准确的描述。

(二) 为了解婴幼儿的最近发展区、促进身心发展而观察

我们为了解婴幼儿的行为而观察,然后,在了解婴幼儿的行为的基础上进一步了解婴幼儿的最近发展区,即婴幼儿的当前发展水平、即将达到的发展水平以及在成人帮助下能够达到的发展水平,并在此基础上提供"支架式教学",为在教育教学实践活动中更好地促进婴幼儿的身心发展而观察。

[案例4-2-3] 小月搭积木

托班的李老师观察到每到自由活动时间,小月总是喜欢去积木区。李老师经过自己的观察以及她跟小月的聊天,发现小月和别的小朋友不一样,她很喜欢用积木进行搭建活动,而且想要搭出复杂的建筑。但是,2 岁多的小月的认知和动作发展让她很难独自完成自己想要搭建的东西,因为她的手部精细动作有待进一步发展,大脑皮质抑制和髓鞘化也有待发展,这让她的注意力和对精细事物的控制力都没有那么强。比如大于 2 层的建筑应该怎么摆才能保证稳固,这对小月已经是个不小的认知挑战了。李老师想到之前学习过的"支架式教学",她找了一本讲搭积木的知识类绘本给小月,又抽空和小月一起看了这本绘本。绘本里面有非常详细又通俗易懂的搭建过程和方法,小月很喜欢这本绘本,在搭建自己想要的建筑结构上也摸索出了自己的方法。李老师安慰小月说她现在还小,有些搭建无法完成是很正常的,因为她的小手还在"长大"。李老师还给小月看中班、大班幼儿搭建的轮船、故宫等复杂建筑的积木作品的照片,激励小月说她将来也能搭出来这种大的建筑。

[①] 引用自:韩映虹.婴幼儿行为观察与分析[M].上海:上海科技教育出版社,2017:106-107.(有删减)

2～3岁小朋友对积木的兴趣多是用积木进行较为简单的搭建或者直接拿起一块或者两块积木进行想象游戏,比如拿着一块长条积木,说是电话,开始模仿跟别人打电话,教师一般也不会对幼儿的搭建水平有较高的要求。在案例4-2-3中,李老师观察到小月的独特爱好以及其在积木搭建上高于一般婴幼儿的发展水平和发展需求,为小月提供合适的"支架"促进了小月的发展。

(三) 为设计适宜的教育活动和游戏而观察

教师对婴幼儿行为的观察可以帮助教师设置适宜的教育活动和游戏,促进其更好地学习与发展。很多教师都是在婴幼儿的一日生活中进行随机观察,只会对某些典型的婴幼儿行为有深刻的印象,而忽略其他婴幼儿。长此以往,并不利于教师设计出适宜的、全面的教育活动或游戏。只有通过有目的、有计划地观察婴幼儿行为,才能更好地了解不同婴幼儿的兴趣、偏好及性格特点等,为后续设计适宜的活动提供依据。

[案例4-2-4]　婴幼儿兴趣、爱好的观察记录表

目标	婴幼儿兴趣、爱好的观察记录表					
观察对象	汤姆	性别	男		年龄	8个月
国籍	美国	日期	2020年4月13日		观察者	莉莉
观察记录方法	时间取样					
观察时间	上午9:00—10:00					
感兴趣的活动	9:00—9:10	9:10—9:20	9:20—9:30	9:30—9:40	9:40—9:50	9:50—10:00
积木	√	×	×	√	√	√
书	×	√	×	×	√	×
玩具车	√	√	√	√	√	√
娃娃	×	×	√	×	√	×
画画	×	√	√	√	×	√

从案例4-2-3中可以发现,该婴幼儿在该时间段对积木、玩具车和画画均表现出浓厚的兴趣。观察者选择用时间取样的方式观察并记录下该婴幼儿高频率出现的行为,判断其兴趣爱好,进而为该婴幼儿选取适宜的活动内容与教具。根据婴幼儿不同的性格特点来选择有效的活动的类型与互动模式,最终目的是帮助婴幼儿得到最适宜的发展,帮助教师因材施教。

二、制定观察计划

在确定观察目的后,还需要制定一份详细的观察计划,确保婴幼儿行为观察能顺利实施,并达到事先确定的目标。观察计划应该包括观察对象、观察内容、观察时间与地点、观察者角色、观察记录方法的选取。

(一) 确定观察对象

观察者在明确了观察目的后,就需要仔细思考如何选取观察对象。根据观察目的,通过观察对象的年龄、数量等条件来筛选出被观察的对象。

1. 确定观察对象的年龄段

根据婴幼儿发展的个体差异性,不同婴幼儿的需求和表现是不一样的,因此,观察者应该事先筛选出观察对象。

2. 确定观察对象的数量

确定观察对象的数量是一个、几个,还是一群;也可以根据想要了解的婴幼儿行为来筛选,是任意一

个婴幼儿,还是选取一个或者某几个特定年龄段的婴幼儿。

(二) 选择观察内容

婴幼儿行为观察的目的是实施观察的"舵",而观察内容的选取则是保障实施顺利前进的"帆",是促进观察目的实现的强有力保障。如何选取观察内容来达成行为观察目的,从而更准确、更深入地了解婴幼儿的行为并加以指导,是观察者需要重点思考的问题。

1. 从婴幼儿发展主要领域出发

以婴幼儿语言为例,想要了解婴幼儿语言能力的发展,观察者需要了解并筛选出有丰富语料的婴幼儿教学活动或游戏,也可以尝试在婴幼儿的一日生活中有目的地去观察任意与婴幼儿语言发展相关的行为,将观察的关注点放在婴幼儿的语言发展上,这样更容易展开婴幼儿行为观察。

2. 从婴幼儿发展中的主要问题出发

婴幼儿在成长中会遇到各种各样的问题影响或阻碍其正常发展,教师作为主要教育者和照料者应及时发现这些问题,并通过一定的教育手段帮助解决这些"成长中的烦恼",因此,婴幼儿发展中的主要问题也应是开展婴幼儿行为观察的内容。

(三) 确定观察时间与地点

1. 观察时间的选取

确定了观察对象之后,观察者应该有意识地对婴幼儿可能产生某种或者某些行为的时间进行大致的筛选。比如,某婴幼儿在某一时段大概率会做什么,就选择这个时段进行观察。

2. 观察地点的选取

确定了观察时间之后,观察者需要根据被观察者所进行的活动对观察地点进行选取,并事先对选取的地点进行考察与熟悉。因为婴幼儿处于不同的环境,其行为模式也会发生变化,要根据观察目的与内容确定观察的地点。

(四) 把握进入观察现场时的角色定位

观察者在准备实施观察之前,一定要明确自己在观察过程中所扮演的角色。

1. 作为旁观者时,观察位置的选择十分重要

(1) 观察位置不能太靠近婴幼儿

婴幼儿的注意力往往容易被新鲜的事物所吸引,观察者的位置如果太靠近婴幼儿,容易使其对观察者正在做的事情产生兴趣,进而出现一些与往日不一样的行为。例如:婴幼儿会兴高采烈地跑到观察者面前,然后,蹲在观察者身边看着记录本,疑惑地问道:"你在这里干什么呢?"

(2) 观察位置也不能离婴幼儿太远

观察者如果发现婴幼儿在进行某项活动的时候需要额外人员的参与,这个时候,虽然你是旁观者,你也可以灵活地转换自己的身份,短暂地参与到该婴幼儿的活动中,确保其活动能够顺利进行,当你发现可以抽身的时候,便立即恢复到旁观者的身份,继续观察婴幼儿在活动中的行为。

2. 作为参与者时,观察者与被观察者之间的关系十分重要

(1) 观察者是被观察者所在班级的教师

婴幼儿只有在熟悉的人或者环境中,才会有安全感。作为被观察者所在班级的教师进行参与观察时,观察者与被观察者之间已经建立了良好的人际关系,此时,观察者更应该对自己的角色有一个明确的定位。既要做好婴幼儿活动中的陪伴者,也要确保自己的主观意识不会改变婴幼儿本该有的行为倾向,进而保证观察的实施过程尽量不受外界因素的影响。

(2) 观察者与被观察者之间是陌生关系

婴幼儿常常会因为有陌生人的出现而表现出不同的行为,比如:焦虑、不安、紧张、兴奋等情绪,这些情绪往往会对观察数据的有效性产生影响。因此,作为陌生人的观察者在实施参与观察之前,就应该事先与

婴幼儿建立一定的联系,对婴幼儿身心发展的基本情况有一定的了解,确保观察记录能还原婴幼儿最真实的状态。

(五) 观察记录方法的选取

观察的记录方法呈现多元化的形式,观察者往往根据不同的观察目标、内容与计划来选择合理的观察记录方法,且绝不仅限于文字式的记录手段,还可以采用一些现代器材作为辅助手段,比如:录像、录音、拍照等。在观察记录的过程中,有的时候会出现信息遗漏的情况,观察者可以根据实际情况选取两种或者多种观察记录方法相结合,确保高效、准确、详细地记录婴幼儿的所有行为发展情况。

三、注意事项

(一) 观察目的的导向性

观察者对婴幼儿行为的理解建立在大量有效的观察之上。一个观察者没有明确的观察目的作为指导,对相关的婴幼儿行为缺少正确的意识和敏锐的观察力,往往会导致在观察过程中不知道该看什么、该从哪里着手。观察目的具有较强的导向性,观察者一定要事先确定好观察目的,才能够保证自己在婴幼儿的一日生活中收集更多、更准确、更有价值的数据。

(二) 观察记录的客观性

观察者在观察记录中对婴幼儿行为的描述一定要客观。有效的婴幼儿行为观察并不是写得越多越好,而是要尽可能客观地还原真实发生的事情。例如,一位教师在观察婴幼儿行为的时候写道:"小花同学正在玩气球,突然,龙龙过来将小花手上的气球一把抢走,小花先是一愣,望着气球的方向,又扭头望了一下老师,老师正在和别的小朋友说话,没有看她,她低下头站在原地不动,过了一会儿,她快速地走到龙龙面前,说:'这是我的气球,请还给我!'然后,伸出手准备去拿气球。"该教师以白描的叙事方式清晰地记录了小花的行为动作及其变化,没有掺杂教师的个人观点,真实地还原了整个场景。

(三) 观察结果的反思性

不管是开展教育教学活动还是生活活动,再或者是专门的教育科研活动、园本教研活动,都需要教师对活动开展的方式、路径的选择进行反思。同时,教师还需要对婴幼儿的成长与发展进行反思:什么时候要对婴幼儿的行为进行再观察,如何观察更为有效,观察的结果如何,观察的结果对婴幼儿的发展有什么启示,都是我们在进行一次或多次有效观察后需要反思的问题。也许第一次观察结果不尽如人意,但我们可以在这一次的观察结果上进行反思,以提升下一次观察的有效性。"行百里者半九十",切忌"虎头蛇尾",前面观察目的树立得清晰,观察过程记录得客观,到有了观察结果却不求甚解、置之不理。应当对观察结果进行反思,使之具有反思和指导下一次观察的价值。

拓展练习

一、结合下面材料进行小组讨论分析。

《学前儿童观察评价系统(升级版)》(COR Advantage)使用步骤[①]
- 全天候观察儿童的一言一行。
- 记录逸事并收集其他素材,如照片、录音、视频、绘画、文字材料等。

---

① [美]高瞻教育研究基金会(HighScope Educational Research Foundation). 学前儿童观察评价系统[M]. 霍力岩,刘祎玮,刘睿文,等译. 北京:教育科学出版社,2018:14.

• 记下儿童特别的言语,这些对于后续记分很重要。使用便利贴会更方便。

• 确保标注出每则逸事和儿童作品的时间。

• 每则逸事要包括关键信息:时间,地点,背景,涉及的人物,人物做了什么,说了什么,行为的结果。

• 使用《评分指南》对逸事或者儿童作品进行记分。连同条目和水平记录在《逸事手册》里。

• 定期回顾逸事记录,防止遗漏某个领域或者事件,确保不错过某个时间节点。

• 完成"幼儿总结表"(一年 4 次),在对应日期填入分数,确保每次记录中都有至少一则高质量的逸事。如果每个条目有多则逸事,填写等级最高的。根据说明计算平均分和总分。

• 完成"班级总结表",每一个周期都要填入分数,根据说明计算每一项的平均分。

• 把信息分享给家长,发放"家庭手册"并开展讨论,至少一年召开两次家长会,分享"家庭报告表",还有档案材料(不包括水平级别)。告诉家长在家可以如何支持孩子的发展。

问题讨论:

1. 以小组为单位,参考材料讨论"婴幼儿行为观察实施"的具体步骤有哪些。

2. 以小组为单位,参考材料讨论"婴幼儿行为观察实施"的注意事项有哪些。

二、实践训练。

通过任务二的学习,根据所学的内容制定一份详细的"婴幼儿行为观察的实施步骤"。

任务三　婴幼儿行为观察中的常见问题及策略

微课 4-3
婴幼儿行为
观察中的常
见问题

案例导入

[案例 4-3-1]　宝宝想看电视

观察对象:宝宝 1 岁多

观察地点:客厅

观察者角色:旁观者

观察记录者:×××

观察时间:2022.11.29 14:30

观察记录:

宝宝发现了放在沙发上的电视遥控器,露出笑容走到沙发前双手拿起了遥控器,并发出"嘿嘿"的笑声。接着他坐在沙发上,摁了遥控器上的开机键打开了电视,开始看《小猪佩奇》,偶尔发出"佩佩""佩奇"的声音。妈妈发现后走了过来告诉宝宝现在不是他看电视的时间并拿起遥控器关掉了电视,宝宝说"不要"。随后,妈妈当着宝宝的面把遥控器放在高处,再次告诫宝宝现在不是他看电视的时间,并商量说晚点再看,宝宝回答说:"哎,好好。"应该是回应妈妈说的晚点再看电视的提议。这时,妈妈接到快递电话去取快递,宝宝急忙走向放遥控器的高架子旁,踮起双脚伸出双手拿到了遥控器。发出开心的"嘿嘿"声,双手握着遥控器坐在沙发上又打开了电视机。随后,妈妈取快递回来又关掉了电视,把遥控器放高架子上后离开了,宝宝又急忙跑去高架子旁,发现这次伸长了双臂也拿不到遥控器,嘴里发出一些似乎在表达愤怒的语气词,"啊啊"地叫起来。一转身看到沙发旁自己的儿童沙发,念着"沙发"的词走了过去,开始双手搬动小沙发,一边搬一边说着"沙发,爬爬",应该是说爬上沙发就可以拿到遥控器了。

问题思考:

上述案例中,观察者在婴幼儿行为观察的实施过程中是否明确了自己的角色?观察记录运用的是哪种方法?观察记录是否有明确的目的?

你觉得该名观察者的观察力、专业的观察技术如何?该观察记录是否存有主观性?

任务要求

了解作为婴幼儿教师在开展专业观察中经常会出现的问题,针对这些问题,掌握应该采取的相应策略。

核心内容

一、婴幼儿行为观察中的常见问题

(一) 观察者缺乏相关的知识

1. 缺乏婴幼儿行为发展的理论知识

一些观察者由于缺乏对婴幼儿行为发展规律和年龄特点等理论知识足够的了解,常常会在观察时陷入不知道观察什么、不知道观察婴幼儿的某些行为有什么意义和用处的困境,比如,当我们不知道婴幼儿什么时候可以独立坐的时候,我们即便看到七八个月大的婴幼儿还不能独自坐着,我们也不会觉得有什么,也不会进行干预,也不知道看婴幼儿这样有什么意义,这就相当于"看到了等于没看到",不能算是观察。

只有当观察者对婴幼儿行为理论知识有正确的认识后,才能明确观察目的并为制定出有针对性的观察计划提供理论依据。一些观察者对婴幼儿的观察根本没有明确的目的,只是随便对参加某一活动的一个或几个孩子进行观察,这样漫无目的地观察所记录下来的信息也终将是无意义的。

[案例 4-3-2]　对佳佳的观察[①]

今天的早餐是佳佳(2 岁 9 个月)最喜欢的肉包,她想用勺子吃,但是一直没有成功,于是她用自己的小手拿包子吃,虽然还是颤颤巍巍,但是比用勺子好多了。她一边吃,一边开心地跟旁边的小朋友说:"我喜欢肉包。"吃水果的时候,佳佳对小米说:"给你一个果子。"她的小碗里有 3 颗小西红柿,比小米多一颗。

分析:佳佳 2 岁 9 个月,手部精细动作和大肌肉的力量已经有了一定的发展,但是佳佳不擅长用手指与手掌一起控制物体,所以当她用勺子吃包子的时候会觉得吃力而无法做到。教师可以提供一些材料,比如勺子、小球、碗,带着佳佳玩勺子运小球的活动。

佳佳喜欢跟同伴交流事物、分享事物,其社会性和语言表达能力的发展符合这一阶段的水平,甚至略高于同龄人,可以持续关注佳佳社会性和语言能力的发展,鼓励其分享、交流,提供支持。同时,佳佳的数理逻辑水平发展也符合这一年龄段婴幼儿发展水平,可以提供适当的材料进一步激发其兴趣,比如简单的认知类绘本、基础的益智玩具等。

我们通过案例 4-3-2 中婴幼儿教师的记录与分析,可以看出,教师将观察中所获得的婴幼儿行为表现与相关婴幼儿发展的理论知识紧密地联系起来,并借助于观察记录的信息开展下一步的教学活动设计,这些都离不开观察者对婴幼儿行为发展理论知识的了解。只有当观察者能够结合婴幼儿行为发展

---

① 案例部分参考自:韩映红.婴幼儿行为观察与分析[M].上海:上海科技教育出版社,2017:12.

的专业知识对婴幼儿的行为观察记录进行分析之后,他们才能更准确、更深入地了解婴幼儿行为,进而因材施教。

2. 缺乏观察及记录方法的专业知识及相关经验

观察及记录的方法多种多样,只有选择适宜的方法才能够保障观察数据的有效性。有些观察者虽然对观察方法有基本的认识,但是缺少正确、合理运用观察方法的能力,也会影响观察数据的有效性。比如:有些观察者采用轶事记录的方法时,在描述的过程中掺杂了太多个人的主观态度和偏见,导致观察记录无法真实地还原婴幼儿行为发生的场景,无法正确地认识婴幼儿行为产生的原因,更无法采取有针对性的措施对教学或者环创设计进行调整。

[案例4-3-3] 对婴幼儿兴趣爱好的观察

	观察地点	103婴幼儿室	记录方法	轶事记录法
观察内容	观察婴幼儿的兴趣爱好			
观察记录	1. 自主活动时间,婴幼儿A一直在地上找各式各样的车,有卡车、轿车、救护车等,看来婴幼儿A挺喜欢车的,他玩车的时候特别开心,可以玩很久 2. 婴幼儿B手中一直抱着一个娃娃,然后学着老师的动作,慢慢地坐下,然后拿了一个小瓶子往娃娃的嘴里喂东西,边喂奶边拍打娃娃的背部,然后将娃娃放在地上,用一块小布盖在娃娃的身上,坐在旁边陪着她。没过一会儿,又将娃娃抱起,走了一圈,回到刚才喂奶的地方,重复了一遍刚才的动作。我时常看到幼儿B手中抱着娃娃做这样的角色扮演活动,她的模仿能力非常强,且喜欢玩娃娃 3. 婴幼儿C年龄较小,先是爬到阅读区,安静地坐在那里选好了书后,就坐着看了起来,看了一会儿,又去拿另一本书继续看,然后望向我,指着书上的图片说"车"。幼儿每次看这本书的时间都很长,上面有很多不同样子的车,我感觉他挺喜欢车,也挺喜欢看书的			
观察记录分析	婴幼儿A的爱好是各式各样的车;婴幼儿B的爱好是娃娃;婴幼儿C的爱好是看书			

案例4-3-3中,观察者的观察目标是"观察婴幼儿的兴趣爱好",选择了轶事记录法,虽然该方法能够将每一个婴幼儿在活动中的行为详细地描述出来,但是不能只靠观察者的主观判断来决定婴幼儿的兴趣爱好是什么,而是需要了解婴幼儿某一行为的频率来进行判断。因此,针对该观察目标,观察者更应该采用检核表法对婴幼儿某一行为发生的次数及时长进行量化统计,才能对婴幼儿的兴趣爱好进行初步的判定。

该案例还存在另外一个问题,那就是在分析婴幼儿的兴趣爱好时体现了较强的主观意识,导致在描述的过程中出现了"我感觉他挺喜欢车,也挺喜欢看书""特别开心""模仿能力非常强"等评价性描述,这样是无法客观地、真实地还原婴幼儿行为发生的情境的,最终也会导致观察数据失效。

有的观察者只了解婴幼儿行为发展的理论知识,因缺少婴幼儿行为观察与记录方法实际操作与应用,也无法真正得出婴幼儿行为及其产生的根本原因。因此,作为婴幼儿行为观察者,不仅需要掌握婴幼儿行为发展的理论知识,还需要具备观察与记录的专业知识与技能,两者缺一不可。

(二)观察者缺乏主观能动性

在实际工作中,有的教师主观上不认可观察的必要性;有的以没有时间为由加以推脱;有的教师为了应付差事,在观察的同时还会忙着一些其他的事务,只是时有时无地对婴幼儿的活动过程进行零散、无序的记录,在一些需要关注婴幼儿行为发展的关键时刻,没有观察的意识,匆忙抓取几个婴幼儿活动的瞬间交差,造成一些流水账般的婴幼儿行为记录,这些都是缺乏主观能动性的表现。

(三)观察者缺乏敏锐的观察力

观察者自身观察力的敏锐程度也是影响观察的因素之一。观察者的观察能力是在长期不断的学习与实践中逐渐积累的。该观察什么、如何观察其实在很大程度上取决于观察者自身的观察能力,即观察的敏锐性。如果观察者不具备敏锐的观察力,在实际观察中就很难及时地通过观察婴幼儿的某一行为明确自己应该观察什么,可能会错过一些关键性的细节,影响对婴幼儿发展现状的判断。

二、婴幼儿行为观察的策略

(一) 注重专业理论知识积累,提高观察的主观能动性

观察者的专业理论知识是婴幼儿行为观察顺利实施的强有力支撑。作为观察者的婴幼儿教师需要具备婴幼儿发展的专业知识、做记录与进行观察的相关知识,这需要观察者在平时就注意积累婴幼儿行为发展的各种理论知识、培养观察意识,将婴幼儿行为观察看作是自身发展与婴幼儿发展的必需品,才能够熟练地将婴幼儿的行为与其发展规律紧密结合起来分析,进而提高自身观察的敏锐性。

专业理论知识会帮助观察者更精准地确立观察目的、观察内容、观察对象,更进一步设计出合理的、可行的婴幼儿行为观察实施计划,更深入地了解所观察到的婴幼儿行为,最终,更有针对性地对婴幼儿的行为发展进行指导,促进婴幼儿身心全面健康的发展。

(二) 注重培训、交流平台的建设,促进专业发展

观察者如果能在入职前后接受到婴幼儿行为观察的专业培训,其观察技能与主观能动性都会得到相应的提高。因此,开设相关专业的高校、研究中心、托育机构需要通力合作,为教师及相关科研人员建设培训、交流的平台,帮助教师提高观察主动性,及时、精准地给予教师专业发展上的支持。

(三) 注重理论与实践相结合,提高观察的敏锐性

观察能力的高低取决于观察者的理论知识积累,且依赖于理论与实践相结合的经验积累。只掌握了正确的理论知识,却没有在实践运用过程中反复锻炼,观察的综合能力是无法真正得到提高的。婴幼儿的行为观察又有别于其他的观察活动,同一个婴幼儿的同一个行为在不同的情境中,也可以有不同的解读。因此,更需要观察者在实践中不断结合理论知识,对婴幼儿行为可能存在的某种规律进行观察、总结,进而提高自身的观察力。

拓展练习

阅读下面的材料,并回答问题。

[案例 4-3-4]　元元的"做到了"和"没做到"

宝宝的姓名:元元　　　　　　宝宝的年龄:1 岁 8 个月　　　　　　宝宝的性别:女

宝宝可以做到……	是	否
双脚离地跳	✓	
快步向玩具跑去	✓	
用手连续拍球	✓	
向朋友分享食物		✓
和同伴打招呼	✓	
会用简单的形容词		✓

（续表）

宝宝可以做到……	是	否
一句话包含两个词	√	
……		

问题讨论：

1. 结合上述案例，说明该观察者进行婴幼儿行为观察的目的是什么，可以以什么角色完成这样的观察？

2. 通过该案例的分析，谈一谈你对婴幼儿行为观察准备的理解。

3. 阐述你认为在准备与实施过程中应该注意哪些问题。

项目小结

本项目旨在让学习者在学习理论知识的同时，通过一系列案例的分析，掌握婴幼儿行为观察的准备及其注意事项、婴幼儿行为观察的具体实施步骤，系统地了解目前婴幼儿行为观察中常见的问题及应对策略，为今后收集有效的婴幼儿行为数据奠定基础。

在学习如何准备与实施婴幼儿行为观察的同时，学习者还对自身在观察过程中的角色有了更多的了解，树立正确的观察意识，制定出适合自己的婴幼儿行为观察实施计划，以期更深入地了解婴幼儿的行为发展及其产生的原因。

聚焦考证

1. 单项选择【保育师（中级）理论笔试题】

观察要在（　　）进行，不能影响婴幼儿的常态表现。

A. 自然状态下　　　　　B. 家庭　　　　　　C. 幼儿园　　　　　　D. 游戏中

2. 判断题【学业水平测试（婴幼儿托育）】

（　　）教师使用观察法在日常生活、游戏、学习中观察幼儿的表现时，不要有预定的目的和计划。

3. 实操题【育婴员（高级）实操笔试题】

育婴员入户指导。具体考核要求：

问题一：请根据下文的描述，帮助王老师制定一份佳佳的智能能力观察评价表（每个领域至少制定两个测评项目）

问题二：请你任选一个测评项目，写出你在佳佳家里是如何进行指导的。

案例：佳佳已经24个月了，佳佳这几天在外面玩的时候，常常会做出向上跳的动作，但是两只脚不能离开地面，不过偶尔也会跳起来一点儿。

项目五
基于发展的婴幼儿行为观察与指导

项目导读

基于前四个项目,我们已经学习并掌握了如下四个方面的内容:婴幼儿行为观察与指导的基本理论、婴幼儿行为观察的记录方法,婴幼儿行为观察数据的处理与评价方法以及婴幼儿行为观察的准备与实施步骤。下面我们将聚焦点从行为观察转向行为指导,学习如何基于婴幼儿行为观察的理论、技术和方法等对他们作出精准科学的行为指导。

中国国家卫生健康委员会于2018年颁布《0～6岁儿童发育行为评估量表》,该量表非常详细地描述了每个月龄段儿童所需具备的能力,共包含261个指标,覆盖粗大动作、精细动作、适应能力、语言和社会行为5方面的内容。本项目将参考此量表,分别从动作、语言和社会性三个发展维度以及在游戏活动中对婴幼儿行为进行观察并作出实践指导。由于近年来国家和社会对0～3岁婴幼儿托育服务与管理的持续关注和投入以及该领域发展相对薄弱的现状,本项目将聚焦0～3岁婴幼儿展开。

此外还需要特别注意的是,婴幼儿发展是一个整体,不应将各维度的发展割裂开来看,因此在实际观察中应将婴幼儿视为一个整体对其行为进行观察和指导。而此处为了向读者更清楚具体地展示如何基于观察进行指导,我们决定分维度和活动进行阐述。

学习目标

1. 基本掌握婴幼儿粗大动作、精细动作发展的一般规律,婴幼儿语言发展的一般规律和进程和婴幼儿社会性发展的一般规律和趋势,以及婴幼儿在游戏中的行为发展等相关知识。

2. 能够通过观察婴幼儿的行为来判断婴幼儿的发展,并在此基础上开展针对性的行为指导与教育活动。

3. 培养尊重婴幼儿发展规律、重视实际观察的科学育儿观,培养针对不同年龄段婴幼儿的观察与指导能力。

内容结构

婴幼儿动作发展观察与指导
1. 婴幼儿动作发展的一般规律
2. 婴幼儿粗大动作发展观察要点
3. 婴幼儿粗大动作发展指导要点
4. 婴幼儿精细动作发展观察要点
5. 婴幼儿精细动作发展指导要点

基于发展的婴幼儿行为观察与指导

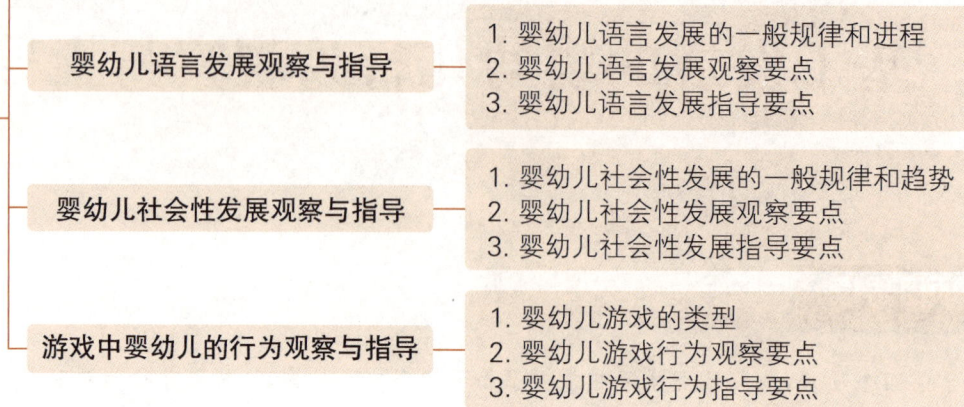

- 婴幼儿语言发展观察与指导
  1. 婴幼儿语言发展的一般规律和进程
  2. 婴幼儿语言发展观察要点
  3. 婴幼儿语言发展指导要点

- 婴幼儿社会性发展观察与指导
  1. 婴幼儿社会性发展的一般规律和趋势
  2. 婴幼儿社会性发展观察要点
  3. 婴幼儿社会性发展指导要点

- 游戏中婴幼儿的行为观察与指导
  1. 婴幼儿游戏的类型
  2. 婴幼儿游戏行为观察要点
  3. 婴幼儿游戏行为指导要点

任务一　婴幼儿动作发展观察与指导

微课 5-1
婴幼儿动作
发展的一般
规律

案例导入

[案例 5-1-1]　李老师对婴儿精细动作发展现状的观察

为了解早教班婴儿(3～6 个月)精细动作的发展现状,李老师基于婴儿发展知识并结合日常观察自制《婴儿(3～6 个月)精细动作发展检核表》(见表 5-1-1),想对班上 13 名婴儿进行观察和记录。

表 5-1-1　李老师自制的婴儿(3～6 个月)精细动作发展检核表

观察项目	观察内容	评分标准	
项目一: 手指抓握动作	幼儿是否能够自如地使用手掌和手指,主要是大拇指	手掌不能自如地展开和握紧	0 分
		手掌可以自如展开和握紧(允许较大缝隙),会把双手放在胸前把玩	1 分
		手掌和手指可以较为紧密地握紧并自如展开,会把玩单根手指	2 分
项目二: 主动伸手抓取物品的动作	幼儿是否能够调动手部肌肉去抓取身边的物品	无法用手抓取/抓起身边的物品	0 分
		能够抓取身边带把手的玩具	1 分
		能够使用大拇指辅助,用整个手掌把玩小的、细的、薄的玩具 10 秒以上	2 分

在正式使用检核表之前,李老师先随机选择了两位婴儿进行预观察和记录,以此检验自制检核表的适切性。

第一位婴儿是月龄将满 3 个月的茂茂。当李老师将手摇铃玩具置于茂茂眼前时,发现茂茂只是盯着玩具,双手虽然在挥动但并没有抓取。而当李老师将玩具置于茂茂手边时,她开始张开手掌、伸展五指抓住玩具,使劲把手指放进玩具手握的地方并保持了很久。随后李老师换了一个玩具但获得类似发现:只有将玩具置于她手边而不是眼前时她才会有意识地去抓握。由此,李老师认为茂茂项目一和项目二的得分都为 1 分。李老师基于对茂茂动作发展的观察为她设计了一些有助于精细动作发展的小游戏,比如将较长较粗的绳子放在她的眼前和手边以练习抓握,同时成人牵引起绳子的两头,与茂茂的抓力形成一个"对抗力",由此促进茂茂手部抓握力量和手臂大肌肉动作的发展。

李老师进行预观察和记录的第二位婴儿是6个月的零零。通过观察她发现零零可以自如地取下黑板上贴的彩色便利贴并能在玩具上使用胶带以固定玩具,即"能够使用大拇指辅助,用整个手掌把玩小的、细的、薄的玩具10秒以上"。由此李老师认为零零在项目一和项目二上都可以得2分。随后李老师为零零提供了新的玩具,包括绕珠、自制魔术贴、纽扣等,以促进其更高水平精细动作的发展。

与此同时,李老师也发现了一个问题,检核表的适用对象为3~6个月的婴儿会不会年龄跨度太大,是否需要进一步细化。0~1岁婴儿的动作发展规律"一抬三翻六坐七滚八爬十站十二走"可知,婴儿发展可谓"日新月异",每个月龄婴儿的动作发展都有其特点和规律,而不同月龄婴儿的动作发展水平之间可能存在质的差异。因此李老师参照本项目开篇介绍的《0~6岁儿童发育行为评估量表》将3~6个月的婴儿再细分为3月龄、4月龄、5月龄和6月龄的婴儿,然后设计针对每个月龄婴儿的动作发展检核表。

问题思考:
1. 什么叫精细动作? 它和粗大动作是如何区分的?
2. 婴幼儿动作的发展是否有一定的规律可循?
3. 李老师进一步细分3~6个月的婴儿的月龄段,对行为观察与指导来说有必要吗?

任务要求

通过案例中李老师对婴幼儿行为的观察理解婴幼儿精细动作的含义,正确区分粗大动作和精细动作,以及二者之间的发展规律。通过李老师进一步细分3~6个月的婴儿的月龄段,设计针对每个月龄婴儿的动作发展检核表,掌握不同年龄段和月龄段婴幼儿动作的观察与指导,这是本任务的学习重点和难点。

学习婴幼儿动作发展的一般规律,掌握与婴幼儿动作发展的相关理论是必要的。理论联系实际、指导实际,掌握不同月龄段婴幼儿动作发展的指导策略。认真对待保育工作,能够科学育儿。

核心内容

对婴幼儿动作发展进行观察,有利于教师和带养者了解、掌握不同成长阶段婴幼儿动作发展的表现和规律,从而为婴幼儿提供安全、健康且有教育意义的成长环境,促进婴幼儿动作的发展。根据国内外关于婴幼儿动作发展的权威研究以及重点参考《0~6岁儿童发育行为评估量表》的指标,我们将着重关注婴幼儿动作发展中的大运动和精细动作的发展这两个部分。

一、婴幼儿动作发展的一般规律

在项目四中我们谈到观察者在进行观察前应储备相应的专业知识,因此在对婴幼儿动作发展进行观察与指导前我们需要先学习并掌握婴幼儿动作发展的相关专业知识,具体为如下四个基本规律。

(一) 首尾律,即由上到下

婴幼儿动作发展遵循由头部到尾端、由上肢到下肢的顺序,先发展上部动作,再发展下部动作。婴幼儿最先出现眼和嘴的动作,然后是手的动作,上肢动作的出现又早于下肢动作。婴幼儿先学会抬头,然后翻身、坐和爬,最后学会站立和行走。也就是离头部越近部位的动作越先发展,而离足部越近部位的动作越晚发展。

(二) 近远律,即由近到远

婴幼儿先发展靠近中央部位(头颈、躯干)的动作,后发展靠近边缘部位(臂、手、腿、足等)的动作。

例如：婴幼儿看见物体时，先是移动肘，用整个手臂去接触物体，以后才学会用手腕和手指去接触并抓取物体。这种从身体中央部位到边缘部位的动作发展规律被称为近远规律。

（三）大小律，即由粗大到精细

婴幼儿先发展活动幅度较大的粗大动作，后发展活动幅度较小的精细动作。大肌肉动作常伴随强有力的大肌肉的伸缩和全身运动神经的活动，而小肌肉动作主要涉及手指肌肉的运动。这种从大肌肉动作到小肌肉动作的发展规律被称为大小规律。

（四）无有律，即由无意识到有意识

心理逐渐受意识支配是儿童心理发展的一大规律，婴幼儿动作发展亦遵循这一规律——从无意识向有意识发展。[1] 婴儿早期动作多为无意识动作，比如，对于 2～3 个月的婴儿，经常发生的是手偶然或无意识地碰到杯子等物体而不是有意识地抓握。而对于 4～5 个月的婴儿而言，其动作的意识性增加，具有简单的目的和方向，例如主动伸手抓玩具或者将奶瓶的奶嘴放到自己嘴里等。这种从无意识到有意识的动作发展规律被称为无有律。

二、婴幼儿粗大动作发展观察要点

掌握了婴幼儿粗大动作发展的基本规律，我们还需要进一步了解婴幼儿粗大动作发展的具体表现，这里通过明晰其观察要点来阐述。

表 5-1-2　婴幼儿大运动发展观察要点[2]

年龄段	观察要点	观察内容
0～3 个月	观察婴儿头部的控制能力：抬头动作	观察婴儿 1 月龄俯卧时下巴贴床，头能否抬起；2 月龄俯卧抬头时，下巴是否能离床；3 月龄时抱直头稳，俯卧是否能抬头 45°
4～6 个月	观察婴儿的翻身动作和踢腿动作	观察婴儿能否从俯卧翻到仰卧，再由仰卧翻到俯卧；观察婴幼儿能否在仰卧时蹬腿踢玩具
7～9 个月	观察婴儿坐立动作、站立动作和爬行动作	观察婴儿悬垂落地姿势；能否独立坐稳；能否扶物由坐位变为站位，并能站立片刻；能否爬行
10 个月～1 岁	观察婴儿扶物弯腰、下蹲动作、独自站立动作、扶物行走动作	观察婴儿能否保护性支撑；在扶物时能否弯腰拾物，弯腰拾物后能否站起，且不摔倒；能否独立站立 5 秒钟以上；能否扶物行走 3 秒以上
1 岁 1 个月～1 岁半	观察幼儿行走动作	观察幼儿在不借力的情况下，能否独自向前走几步；能否独自侧身走几步
	观察幼儿攀爬动作	观察幼儿能否爬上沙发或椅子；能否扶物（扶楼梯或墙壁）上楼梯
1 岁 7 个月～2 岁	观察幼儿的下楼梯动作	观察幼儿由成人牵着手，或幼儿自己一只手扶着楼梯或墙壁，能否上下楼梯
	观察幼儿的跑步动作	观察幼儿是否能独自向前跑 3～4 米且不摔跤
	观察幼儿的踢球动作	观察幼儿能否站着将静止的球轻轻踢向前方不远处
	观察幼儿的原地跳跃动作	观察幼儿能否双脚同时离地跳起；观察幼儿能否双脚同时离地连续跳起两次以上

---

① 唐大章, 唐爽. 婴儿动作指导活动设计与组织 [M]. 北京：科学出版社, 2015: 5.
② 注：参考国家卫健委颁布的《0～6 岁儿童发育行为评估量表》(2018) 与周平主编的《0—3 岁儿童观察与评价》(上海交通大学出版社, 2019) 的内容进行编制。

（续表）

年龄段	观察要点	观察内容
2岁1个月～ 2岁半	观察幼儿上下楼梯动作	观察幼儿能否独自双脚交替着一步一步地上楼梯
	观察幼儿单脚站立动作	观察幼儿能单脚站立2秒
2岁7个月～ 3岁	观察幼儿立定跳远的动作	观察幼儿是否双脚能同时跳起；立定跳远距离能否达到20～40厘米
	观察幼儿投掷动作	观察幼儿能否单手或双手握球，从胸前方向、头顶上、肩侧方向将球投掷出去

从表5-1-2可以看出，婴幼儿从抬头，到翻身、爬行，再到站立、跳远体现出不同月龄段粗大动作的发展重点，这为我们观察不同月龄段婴幼儿提出了不同的观察与指导目标。

三、婴幼儿粗大动作发展指导要点

根据前面的学习，我们已经基本了解了婴幼儿粗大动作发展的一般规律和观察要点，那么在知道这些的基础上，我们在实际的教育教学实践中对促进婴幼儿大运动发展能做些什么呢？比如，知道婴幼儿动作发展规律有头尾律，观察3月龄左右的婴儿粗大动作发展主要是看其头部动作的发展，那么我们应该如何评估其头部动作发展水平并进行科学的指导呢？在这部分，我们将细分为三个年龄段来探讨婴幼儿粗大动作发展的指导要点。

（一）0～1岁婴儿粗大动作发展指导要点

[案例5-1-2]　杰杰与婴儿床

杰杰现在3个月大了，他每天很多时间都是在自己的小婴儿床上睡觉度过的。在他出生前，长辈就为他准备好了婴儿床，婴儿床是原木色的，有着一圈围栏，在其中一端的上方悬挂着一圈玩具，有柔软的小娃娃、能发出声的小铃铛、颜色鲜艳的卡通玩偶等，看起来好不热闹。杰杰是父母的第一个孩子，父母没有什么育儿经验，对待杰杰就像是易碎的瓷器，杰杰睡觉的时候，他们也不敢有太大的动作或者发出太大的声音，因为怕吵醒杰杰。他们不知道该不该取下婴儿床上商家附赠的小铃铛以及由可以发出声音的塑料环组成的串串，因为他们不确定铃铛的声音对杰杰稚嫩的耳膜来说会不会太吵。不过，他们观察到杰杰醒着的时候还是很喜欢看着这些颜色鲜艳的小玩具的，如果因为大人的动作带动起铃铛发声，还会转头追随铃铛的晃动，瞪着大眼睛仔细看这些玩具，伴随着"手舞足蹈"，就没有取下来。

分析：0～3个月的婴儿重点发展的粗大动作就是头部的转动，需要锻炼的也是头颈部的力量。3个月大的杰杰能够完成头部自如转动，是完成了1月龄大婴儿的粗大动作发展，我们还要关注他在成人抬他肩膀让他坐起来的时候头部能不能逐渐自行竖立，能否从头部竖直片刻发展到在抱着的时候头部稳住，还要关注他在俯卧和仰卧时候头颈部的力量是否能够独立支撑其头颅。如果杰杰不能完成这些，我们首先要检查杰杰头颈部发育的生理问题，如果排除掉生理问题，我们就要加强锻炼杰杰的头颈部力量，促进杰杰头部大肌肉动作的发展。

建议：

应当选择有声响的玩具锻炼头颈部动作。成人可以选择一些婴儿喜欢的、带声音的玩具在月龄小的婴儿头顶上方引逗，并将玩具在不同的方位之间移动或转动，吸引婴幼儿扭动头颈部追视玩具并寻找声源，这不仅可以锻炼婴儿的追视能力，也可以促进其扭动头颈部，发展其头颈部动作；成人也可以通过手肘支撑婴儿上身，使其借力练习抬头，将头慢慢抬得更高，由此增强其头颈部的肌肉力量。

对于这一年龄段的婴儿，我们还应该注意通过不同的方式训练其翻身或踢腿动作。

1. 使用玩具吸引婴幼儿训练仰卧位翻身到侧卧位

可以让婴儿仰卧,父母分别站在其两侧,用色彩鲜艳或有声响的玩具引导,训练婴幼儿学会从仰卧位翻身到侧卧位,或者先让婴儿侧卧,在侧卧方向用彩色或有声响的玩具逗引,成人可以尝试握住婴儿脚踝,使其轻轻越过另一只脚,让小脚碰触床面,从背后轻轻推一把,帮助婴儿学会翻身。

2. 成人辅助婴幼儿增强腿部力量

为了增强婴儿腿部的力量,成人可以在婴儿仰卧时双手握住婴儿的双脚,轻轻带动其摆动,做来回蹬腿的动作,也可以鼓励婴儿用力踢腿以使婴儿床上悬挂的玩具发出声音,并在声音的刺激下继续用力踢腿,以增强其腿部力量。

3. 在日常生活中主动创造机会锻炼婴幼儿

在日常生活中还要创造机会让婴儿练习坐、爬行和站立。比如,平时可以将婴儿竖抱在怀里,让他们坐在成人手臂上或腿上玩耍,先训练其坐立的姿势并保障其安全,再逐渐让其学会独坐。也可以借助一些场地和道具训练婴儿的爬行技能,成人最初可以托住婴儿的腹部或轻推脚掌,关注婴儿爬行姿势,帮助其学会手掌贴住地面,学会将上半身支撑起来,学会保持身体的平衡。为了增强婴儿腿部和膝盖的力量,成人可以在游戏中托住其腋下,帮助其站立且有节奏地蹦跳,增强腿部肌肉力量,尽快学会站立。

婴儿的粗大动作发展可以说是"日新月异",等到婴儿稍大些,可以着手训练他们扶物站立的能力。在日常生活和游戏中,鼓励他们双手扶着家具或借助成人双手或双臂移动双脚,同时也要注意婴儿的情绪,若发现婴儿出现不愉快的情况要及时停止;也可以让婴儿把双脚放在成人双脚背上,随着成人向后移动脚步,体验行走的感觉,并引导婴儿的脚和成人同步用力,增强腿部力量,在训练过程中要注意观察婴儿情绪。

(二) 1~2 岁幼儿粗大动作发展指导要点

[案例 5-1-3] 阳阳的攀爬动作发展

表 5-1-3　1 岁 8 个月幼儿攀爬动作观察表[①]

观察目标	观察内容	是否做到
上楼梯	手脚并用爬上楼梯	是
	用手扶着栏杆或墙壁一阶一阶上楼梯	否
爬上沙发	可以爬上半米高左右的沙发	是
	能够独自爬下沙发	否
独自从椅子上下来	不敢下,需要成人帮忙	是
	身子转向椅子后背,背着身趴着从椅子上下来	否
下楼梯	能够扶着楼梯扶手或墙壁一阶一阶下楼梯	否
	侧着身子,扶着栏杆或墙壁,一阶一阶下楼梯	是

分析:

1. 运动发育发展相对较缓慢或胆小

1 岁 8 个月的幼儿攀爬的技能有所发展,大部分已经能够扶着栏杆上下楼梯以及攀爬一定高度的物体。这个阶段的幼儿可以自己扶着扶手上下楼梯,并且已经具备了独自从沙发或椅子上爬下来的技能,只不过需要背着身、趴着从椅子上下来。幼儿爬行楼梯或椅子是没有空间感觉的,所以从物体上下来时,最开始的时候会用手支撑,因为手的空间感觉最好,当手伸下去的时候,可以感知从这一空间到另

---

① 韩映红. 婴幼儿行为观察与分析[M]. 上海:上海科技教育出版社,2017:109.

一空间的距离。这是幼儿建构空间智能的过程,但是幼儿还不会左右腿交替向前下楼梯,而是侧着身子,一步一步地下楼梯。这个过程是自然而然地发生的,不需要教给幼儿,他可以自己去学习探索。

2. 攀爬的能力仍需进一步发展

阳阳可以自己独自爬上沙发,说明攀爬的能力已经具备了,但只能爬上较矮的事物,所以爬下的技能仍然没有掌握。对于1岁7个月～2岁的幼儿来说,爬上爬下还需要一个训练的过程。

建议:

1. 经常和幼儿进行爬越障碍的游戏锻炼

1岁8个月的幼儿如果攀爬的技能发展相对缓慢,可以通过一些亲子游戏来锻炼,比如可以用一个玩具来吸引他爬楼梯。

2. 及时给予鼓励

幼儿如果成功完成某项任务,比如顺利从沙发上爬下来,要及时给予表扬和鼓励,培养他的自信心。

对于这一年龄段的幼儿,开始不断探索不同的动作,成人应该充分满足幼儿探索动作的需求,并在日常生活中创造有利于各种动作发展的机会。我们可以设计各种游戏活动引导幼儿进行相关动作的探索。如可以设计一些音乐律动游戏,让幼儿边听音乐,边随着音乐摆动身体,如向前走、倒退走、侧身走、下蹲起身、牵手转圈等,模仿过程中学会各种动作。亲子活动中,可以通过垒高被子、枕头,设置小滑梯等练习攀爬动作;也可以进行爬楼梯动作训练,最初爬楼梯需要成人拖住其腋下给其借力,帮助幼儿双脚交替向上爬,逐渐可以引导幼儿借助栏杆或墙壁慢慢迈开双脚交替爬楼梯。在游戏过程中要注意鼓励和帮助幼儿,在愉快的氛围中进行游戏,让幼儿能充分体验到动作探索的快乐。

(三) 2～3岁幼儿粗大动作发展指导要点

[案例5-1-4]　胆小的霖霖

快3岁的霖霖有个上小学的姐姐,姐姐在家里准备学校的运动会项目,其中有一项是立定跳远。霖霖看着姐姐在小区的沙坑里跳来跳去,有一次姐姐跳得很好,得到了周围小朋友、家长的喝彩。霖霖也好奇地跟着跳了起来,但是他第一下就摔倒在沙坑里,吃了个满嘴沙不说,还磕破了膝盖和手掌的皮肤,忍不住哭了起来。从这以后到霖霖上幼儿园大班,他都不愿意再双脚同时离地跳起来。

分析:

模仿是儿童的天性,跳远即从双足离地跳起到完成立定跳远、双脚交替跳等动作,这一时期应逐步培养幼儿立定跳远的能力。霖霖模仿姐姐的动作尝试立定跳远是可以的。但是,我们也要注意到每个幼儿发展的个体差异,要充分考虑霖霖的大运动发展情况和个性性格,还要充分考虑运动的场地和运动装备是否适合较为娇嫩的幼儿。

建议:

1. 帮助幼儿克服对跳远的"害怕"

保障运动场地的适合、运动装备适合,能够保护孩子,再使用温柔劝说的方式鼓励霖霖参与跳远活动。

2. 采用游戏的方式帮助幼儿接受跳远运动

通过游戏让霖霖接受并熟悉跳远,进而在熟练基本动作的基础上学习一些复杂的和带有技巧性的动作。家长或者教师可以和幼儿一起玩跳的游戏,如学小兔一样蹦蹦跳,从完成双足跳离地面到一小步一小步地跳远,再鼓励其从稍高的地方往下跳、双脚交替跳,教幼儿在跳下来的时候膝盖应该如何弯曲,可以和幼儿一起踢球玩,锻炼大运动的技巧,也可以练习骑三轮童车等,不断练习平衡协调能力。

同时,对于这一阶段的幼儿,我们还可以通过各种活动增强他们身体的平衡能力和协调能力。在能够上下楼梯或完成跳跃活动的基础上,不断加大难度,让幼儿熟练各种动作。在有安全保障的基础上,可以加入口令动作,选择练习上下台阶的游戏,由最初的台阶少的挑战开始,逐渐增加台阶数量,成人进行动作示范,引导幼儿模仿上下台阶的动作;成人可以牵着幼儿的手共同进行爬楼梯动作,关注幼儿的情绪,给予幼儿足够的安全感,多给予鼓励和支持,逐渐让幼儿将动作和口令保持一致,能在游戏的过程中增强身体的平衡能力和协调能力。

四、婴幼儿精细动作发展观察要点

婴幼儿精细动作发展与变化可能不如大动作发展那么明显、易观察,多是在日常生活的小处可见。下面根据不同年龄段发展总结一些发展要点,帮助观察者观察、捕捉婴幼儿精细动作的发展瞬间。

表 5-1-4　婴幼儿精细动作发展观察要点①

年龄段	观察要点	观察内容
0～3个月	观察婴幼儿抓握等手指动作	观察婴幼儿能否紧握拳;能否用手抓握带柄玩具片刻
		观察婴幼儿是否会把玩自己的手指,是否能把双手放在胸前把玩
		观察轻叩婴幼儿的拇指可否分开
4～6个月	观察婴幼儿主动伸手抓物动作	观察婴幼儿是否能抓取近处的玩具
	观察婴幼儿把握物品的动作	观察婴幼儿是否会把玩自己的手指或者用手指把玩小的、细的、薄的玩具或物品
7～9个月	观察婴幼儿传递玩具的动作	观察婴幼儿是否能将玩具在左右手之间传递
	观察婴幼儿手指抓物的动作	观察婴幼儿是否能够完成抓取小物品的动作,注意使用到的手指,比如说主要是使用大拇指还是有其余手指
10个月～1岁	观察婴幼儿手指轻捏的动作	观察婴幼儿是否能比较灵活地用拇指和其他手指对捏抓取物品;是否可以全掌握笔留下痕迹
	观察婴幼儿手指抠挖动作	观察婴幼儿是否能将小物品从小盒子或小孔中抠挖出来(如将小孔中的花生或小珠子抠挖出来)
	观察婴幼儿投物动作	观察婴幼儿是否能将物品投放进广口瓶中
1岁1个月～1岁半	观察幼儿垒搭积木的动作	观察幼儿是否能模仿成人将3～5块积木垒高且不倒,是否能将3～5块积木在桌面排成一列
	观察幼儿使用小勺的动作	观察幼儿是否能独立使用小勺进食且基本不滴洒
	观察幼儿握笔涂鸦的动作	观察幼儿是否能将手指握住画笔在纸上乱涂乱画
1岁7个月～2岁	观察幼儿串珠动作	观察幼儿在成人示范将绳子穿入珠子中后,幼儿是否能模仿穿珠子的动作,及是否能成功穿进2～4颗大珠子
	观察幼儿拉拉锁的动作	观察幼儿是否能模仿成人拉拉锁
2岁1个月～2岁半	观察幼儿揉搓压的动作	观察幼儿在成人的示范下,是否能模仿通过揉、搓、压等动作用橡皮泥做出各种造型
	观察幼儿使用笔的动作	观察幼儿是否能模仿画竖道
	观察幼儿对拉锁的动作	观察幼儿是否能够对上拉锁

---

① 注:参考国家卫健委颁布的《0～6岁儿童发育行为评估量表》(2018)与周平主编的《0—3岁儿童观察与评价》(上海交通大学出版社,2019)的内容进行编制。

（续表）

年龄段	观察要点	观察内容
2岁7个月～3岁	观察幼儿折纸动作	观察幼儿是否能在成人的示范下，模仿学会对折、压平等基本动作，是否能按照示范折出一些基本形状
	观察幼儿握笔动作	观察幼儿是否能在成人指导下能在规定的图形内涂色，是否能基本涂满；是否能模仿画圆，画交叉线
	观察幼儿使用筷子的动作	观察幼儿是否能掌握拿筷子的基本姿势；是否能使用筷子夹取食物
	观察幼儿使用剪刀的动作	观察幼儿是否能在成人的示范下模仿拿剪刀的姿势；是否能在成人的示范和指导下，能拿剪刀剪出基本的图形，如直线、圆形等

五、婴幼儿精细动作发展指导要点

经过本任务前四部分的学习，我们已经基本了解了婴幼儿动作发展的一般规律和观察要点，在知道这些的基础上，我们在实际的教育教学实践中对促进婴幼儿精细动作发展能做些什么呢？比如，知道婴幼儿动作发展规律有大小律，从0岁到3岁，婴幼儿从用手掌推玩具到能用五指聚拢握笔留痕，那么我们应该如何评估其手部精细动作发展水平并进行科学的指导呢？在这部分，我们将细分为三个年龄段来探讨婴幼儿精细运动发展的指导要点。

（一）0～1岁婴幼儿精细动作发展指导要点

［案例5-1-5］　月月的花铃棒

月月5个月大了，她最喜欢妈妈买给她的花铃棒玩具，只要花铃棒在她视线范围内，她都会探着身子努力去够花铃棒，并手抓住花铃棒使劲摇动。花铃棒一发出声音，她就会笑起来，先是盯着花铃棒然后去看周围大人的眼睛。慢慢地，妈妈观察到花铃棒有些"失宠"了，月月开始尝试去抓视线范围内的其他大一些的玩具，那些没有手柄的玩具也在获得月月的青睐。而且，月月也更喜欢玩自己的手了，之前是比较爱吸吮手指，现在月月好像也把自己的手指当作好玩的玩具把玩了起来。

分析：

5个月大的婴幼儿已经能够抓握住有手柄的玩具，比如案例中的花铃棒。在这之前，他们会更多地运用整个手，主要是手掌的力量去推、握、抓东西，在这之后，他们会努力尝试用手指的力量去抓、握东西，想要更多地运用和"开发"自己手指的力量。所以，花铃棒就渐渐地"失宠"了，月月开始喜欢上更有挑战性的物品，也会喜欢把玩自己的手。

建议：

1. 提供帮助婴幼儿锻炼手指抓握能力的物品

成人应给婴幼儿提供一些可以帮助他们锻炼手指抓握能力的物品。在早期，通过抓握成人手指或玩具练习婴幼儿的抓握能力。成人可以将自己的一根手指放入婴幼儿手中，转动手指或拉起手指，让婴幼儿手部的肌肉受到刺激，进一步发展婴幼儿的抓握能力和上肢肌肉的力量；成人可以用婴幼儿喜欢的玩具触碰小手或小手的不同部位，引逗婴幼儿抓握玩具，不断刺激婴幼儿手指的动作，练习其抓握能力。

2. 充分利用生活中的材料和玩具

随着婴幼儿成长，还可以利用生活中不同材料和玩具锻炼婴幼儿手指灵活性。可以为婴幼儿准备不同材质、不同大小的玩具，如积木、毛绒玩具、木质玩具等，让婴幼儿主动抓握玩具。可以逐渐变换材料的大小,从小的玩具逐渐换成大玩具,从抓握比较柔软的玩具到抓握质地较硬的玩具;在抓握过程中,注意关注婴幼儿的情绪,最初抓握物品时容易掉落,成人要给予支持帮助和鼓励,引导婴幼儿在不断尝试过程中学会抓握动作,并锻炼婴幼儿手指的灵活性。

对于这一阶段的婴幼儿的精细动作发展,随着他们月龄的增长,还应在日常生活中创设更多机会锻炼婴幼儿手指动作,如手指对捏抓取物品的动作、手指投物动作、手指取放动作、手指抠挖动作、指五官等动作。例如,可以让婴幼儿捏起一些小食品,如小馒头、小饼干、小葡萄等,并能自己捏着吃,锻炼手指对捏动作;根据婴幼儿的发展水平,由易到难,训练婴幼儿投物动作,将物品投入开口比较大的容器,如碗、大口杯子、广口瓶等,逐渐过渡到尝试投入到矿泉水瓶等小口瓶子,锻炼婴幼儿手指投物动作;让婴幼儿尝试抠挖橡皮泥中的小物品,或从小孔里抠取物品,锻炼手指灵活性;可以和婴幼儿一起进行《指五官》的亲子游戏,对着镜子让婴幼儿熟悉自己的五官,并根据成人的指令能指出自己的五官,在各种训练活动中进一步发展婴幼儿手指协调能力。

(二)1～2岁幼儿精细动作发展指导要点

［案例5-1-6］　浩浩捏"小馒头"

这几天妈妈给浩浩(1岁1个月)买了小馒头当零食吃,小馒头很小,好似纽扣那么大,妈妈其实是有自己的想法的,一方面让宝宝可以在玩的时候吃点小馒头补充能量,更重要的是想让浩浩自己抓捏小馒头,锻炼小手的抓握能力。浩浩正在玩小汽车,突然看到了妈妈放在茶几上的罐装小馒头,便小心翼翼地走过去想伸手够一下,没够着,又提了提脚,用手使劲扒着茶几,伸长手臂去够,拿到后就高兴地摇了摇瓶子,听到瓶子发出声响,他很高兴,继续使劲摇,摇着摇着,小馒头都撒出来了。他觉得很好玩,又使劲摇了摇瓶子,更多的小馒头撒出来了。浩浩开始蹲在地上捡小馒头,捡到后想重新放回到小罐子里,用拇指和食指中指捏起来小馒头,第一次捏了两个小馒头,都掉了,第二次捏到的掉了,浩浩又试了好几次,放不进去就生气地扔了,反复试了好多次,小馒头又被捡起来扔进罐子里。浩浩在捡小馒头的过程中,很开心,而且在不断地尝试并晃动着小罐子。

分析:

1. 喜欢发声物体,探索因果关系

这个阶段的幼儿仍然对可以发出声响的东西感兴趣,当发现小罐子通过摇晃可以发出声音,而且摇晃的时候小馒头会洒出来,便继续摇动小罐子,进一步探索摇动小罐子和馒头撒出来的因果关系。从而也体现出幼儿的精细动作在逐渐发展,手眼协调性也在逐渐增强。

2. 指导的目的性,加以持续的观察与指导

浩浩妈妈在指导其精细动作发展时,是有自己的想法的,目的性很强。浩浩后续的情绪反应从"高兴"到"生气",再到"开心",也反映了浩浩妈妈观察的细致性。

建议:

1. 通过亲子游戏促发展

成人可以设计一些亲子游戏来锻炼幼儿精细动作的发展,比如捏豆豆、拿瓶盖、吃饼干等,并练习将细小物体放入盒子中,从而锻炼手部精细动作。

2. 从日常生活细节出发

对于这一年龄阶段幼儿精细动作的发展,还应通过日常生活的训练,加强幼儿手眼协调能力和手臂力量的控制能力。

可以从日常生活细节出发,训练其生活自理能力,如帮助成人做一些简单的家务,自己拿勺子吃饭、刷牙、丢垃圾等,锻炼其手眼协调能力,发展一些小肌肉动作。

1. 把握日常生活中的教育契机,进行日常游戏互动

本阶段幼儿存在手眼协调能力和手臂力量的控制能力较弱的现象,成人可以把握日常生活中的

教育契机,进行日常游戏互动。如引导幼儿在搭建积木的过程中,尝试将积木垒得更高,可以垒5块积木以上,并指导其模仿搭建不同的造型;在进餐过程中,成人示范用勺子舀食物和进食的动作,为幼儿提供较小的餐具和合适的勺子,激发其尝试模仿成人的动作,学习用勺子舀食物这一动作,并不断坚持和反复训练;引导幼儿用笔进行涂鸦,练习抓握笔的能力,促进幼儿的手眼协调能力不断发展。

2. 日常游戏活动难度可随幼儿能力发展递增

随着幼儿年龄的增长以及能力的发展,可以设置增加难度的日常游戏活动,锻炼精细手部动作,如穿珠子活动,成人示范穿珠子动作,给幼儿提供的珠子的孔应大一些,针和线要粗,幼儿可以按照自己喜欢的顺序穿珠子,分三色串珠、分形状套棍;学习拧的动作,如拧瓶盖、拧毛巾、卷毛巾、拧门把手、拧玩具螺丝、拧玩具车轮,锻炼手腕的力量;鼓励幼儿涂鸦作画,示范握笔的正确姿势,可以协助幼儿一起完成涂色活动或涂鸦作画活动,锻炼精细动作和想象力的发展;可以引导幼儿翻阅图书,学会一页一页翻书、锻炼手指灵活性。

(三) 2~3岁幼儿精细动作发展指导要点

[案例5-1-7]　肖老师的苦恼

肖老师在梅花早教机构里当老师,她带的班里有快到2岁的孩子,也有3岁多一点的孩子,大致年龄都是在2~3岁之间。肖老师时常为在美工区投放什么材料合适而发愁。投放孩童用剪刀、折纸和各类画笔,似乎对于刚2岁的小朋友有点难度;投放"穿针引线"类玩具对3岁的小朋友又似乎太简单了,他们根本不爱玩。

分析:

2~3岁的幼儿手部精细动作的发展处于一个发展较快、需要较多支持的阶段,刚2岁的幼儿可能刚刚能够"驾驭"自己的十个手指,可以实现穿过较大的扣眼后拉线的动作,对于他们来说用剪刀剪出一定的图形、折纸时折出规定的形状是有难度的,而快3岁的幼儿就已经能够实现握笔画出线条和圆形,用剪刀或者握笔虽然笨拙,但也可以做到。需要教师能够根据观察到的婴幼儿发展的实际情况提供当下适宜的材料,提供发展合适的"支架"。

建议:

1. 提供丰富、年龄适宜的材料

通过提供丰富的操作游戏材料或开展丰富多样的生活活动进一步锻炼手的灵活动作。在游戏中引导幼儿操作各种游戏材料,成人可以进行动作示范或作品示范,或者可以手把手进行动作指导,鼓励幼儿模仿动作,如搭积木搭立体楼房、串珠数数、学会用剪刀、解结扣子、能握笔画横竖线、会折纸、捏纸、揉、搓、压等动作做出橡皮泥造型、玩拼图等游戏;在生活中,锻炼幼儿基本生活技能,如独立穿衣、独立戴帽子、独立穿袜子、独立穿鞋等技能,或在成人协助下完成穿脱的动作。

2. 多在日常生活中进行亲子活动

对于这一年龄阶段的幼儿的精细动作的发展来说,还可以通过亲子活动来锻炼幼儿精细动作能力。可以和幼儿玩精细动作游戏,如用积木搭楼梯、贴链条、捏面团、捏橡皮泥、拼图等游戏;可以剪纸和折纸,教幼儿使用剪刀时注意成人可以手把手教,并尝试让幼儿控制握柄开合能力,引导幼儿对折纸和剪纸的兴趣;通过亲子阅读活动,示范翻书动作,幼儿模仿翻书的动作,从最初的乱翻书逐渐学会一页一页翻书。日常生活中,成人可以更多让幼儿使用筷子夹取物品,示范正确地夹取物品,注意给幼儿提供的是比较容易操作的工具和比较容易夹住的物品;鼓励幼儿学会使用筷子夹住食物送进嘴里;注意在活动中可以给予更多的鼓励和支持,允许幼儿不断反复尝试、不断调整。

拓展练习

一、单项选择题。

1. 以下不属于粗大动作的是（　　）。

A. 躺卧　　　　　　B. 翻身　　　　　　C. 投掷　　　　　　D. 抓握

2. 以下动作中不属于移动运动的是（　　）。

A. 躺　　　　　　　B. 平衡　　　　　　C. 爬　　　　　　　D. 站

3. 以下属于12～24个月幼儿的动作的是（　　）。

A. 走　　　　　　　B. 跑　　　　　　　C. 跳　　　　　　　D. 投掷

4. 以下不属于2～3岁幼儿的精细动作的是（　　）。

A. 搓　　　　　　　B. 捏　　　　　　　C. 画画　　　　　　D. 拍打

5. 以下属于1岁1个月到1岁半的幼儿的精细动作的是（　　）。

A. 食指按压　　　　B. 抓握　　　　　　C. 折　　　　　　　D. 二指捏

二、简答题。

1. 阐述婴幼儿动作发展的规律。

2. 简述婴幼儿粗大动作发展的指导策略。

3. 简述婴幼儿精细动作发展的指导策略。

三、实践训练。

1. 根据1岁1个月到2岁幼儿粗大动作发展检核表，选择一名适龄的幼儿对其动作发展进行观察和评价，并提出相应的指导策略。

2. 选取一名2～3岁的幼儿，运用多种方法对其精细动作发展水平进行观察，并进行分析与评价，并提出相应的指导策略。

任务二　婴幼儿语言发展观察与指导

微课 5-2
婴幼儿语言
发展的一般
规律和进程

案例导入

[案例5-2-1]　对蓬蓬语言表达的观察

常州市新北新爱婴国际早教观察记录表			
观察主题	蓬蓬语言表达能力的发展	教师	薇薇
观察对象	蓬蓬	年龄段/班	2岁2个月/托班
观察时间	2022年6月17日		

（续表）

观察背景	蓬蓬入托已有半年,但仍旧不能用语言很好地表达自己的基本需求,习惯用哭来解决问题;在与同伴交往时经常出现攻击性行为。
观察目的	指导蓬蓬学会用语言表达需求并与同伴友好相处
观察记录	轶事一:一次午睡,老师忘记给蓬蓬冲奶粉了,蓬蓬便躺在床上哭闹起来,同时一直用手指着自己柜子里的奶粉。他数次跑到柜子边,想用语言表达自己想喝奶的需求但却不知如何表达,只能通过哭闹来引发老师的关注。老师发现后立马给蓬蓬去冲奶粉,蓬蓬也很快跑回床上躺好,等着喝奶。 　　轶事二:下午自由工作时间,蓬蓬在桌子边上玩积木,这时候有一个小朋友走到蓬蓬身上,指着小飞机的积木想一起玩,蓬蓬看到立马用手推了那个小朋友,很凶地发出叹词"en"表示不愿意,当那个小朋友把积木强行拿走时,蓬蓬立马哭闹起来,急得跺脚,满脸通红。
观察分析	从轶事一来看,蓬蓬不能很好地表达自己的需求,老师只能通过询问来了解蓬蓬的想法和心思,蓬蓬会用点头或摇头回应。当需求得不到满足时他习惯用哭闹来解决问题,经常情绪不稳定。 　　从轶事二来看,蓬蓬处于独自游戏向平行游戏过渡的时期。在平行游戏中,幼儿玩的玩具与周围幼儿相同或相仿,他们会观察甚至模仿别人的行为,但不会影响或参与对方的活动,彼此之间没有共同目的和合作行为。因此当比蓬蓬年长的幼儿想参与他的游戏时,他本能地表现出排斥,但由于不知如何用言语来表达自己的想法,因此表现出充满敌意的攻击性行为。
指导对策	家庭教育:婴幼儿语言发育迟缓可能与家庭教育不足有关。在婴幼儿语言发展阶段,如果家长没有及时给予婴幼儿相关的教育和支持,例如平时语言交流较少,就有可能导致他们语言发展滞后。因此,家长平时要尽可能多地与婴幼儿进行沟通与交流,可借助绘本、活动、游戏等多样化的形式赋予他们充分的表达机会并引导他们多表达。 　　早教课程:语言训练和感统训练 　　托班环境:在托班营造轻松舒适愉悦的生活与学习环境,缓解婴幼儿表达的紧张感。同时在游戏、生活和教学活动中设计各种语言表达情境,为婴幼儿提供丰富的自我表达机会。此外,教师还可以引导婴幼儿多进行发音模仿训练,如开小汽车时模仿"嘟嘟"的音,玩小鸭子时模仿"嘎嘎"的音。
观察小结	婴幼儿时期是语言表达能力培养的关键时期,语言表达能力的发展为他们未来的学业成就和人际交往奠定了关键基础。因此教师和家长都应该对此给予充分的关注和支持。 　　婴幼儿语言表达能力的培养应该基于他们的语言发展特点和实际水平科学地、有计划地进行,包括:创设丰富的语言环境,培养良好的语言习惯,让他们多听、多说、多练,通过各种活动不断提升他们的语言表达能力。

问题思考:

1. 蓬蓬所处的年龄段语言发展应该有什么特点?
2. 蓬蓬的语言表达能力主要有哪些问题?
3. 为促进蓬蓬语言发展,后续可以给予哪些指导?

任务要求

　　婴幼儿语言发展在婴幼儿发展中占据重要地位,提前了解并掌握相关理论知识有助于提升实际观察和指导的科学性和有效性。

　　从案例出发,通过本任务的学习,掌握不同年龄段婴幼儿语言发展的一般规律和进程,并在此基础上把握不同年龄段婴幼儿语言发展的观察和指导要点。这是观察应用于实践的必经之路,也是本任务的学习重点和难点。

核心内容

一、婴幼儿语言发展的一般规律和进程

0～3岁是语言发展的关键期。在此期间,婴幼儿语言会经历从咿呀学语、"电报式"语言到完整句输出的飞速发展过程。一般来说,0～3岁婴幼儿的语言发展可大致划分为如下三个阶段。

(一) 前言语阶段(0～1岁)

自出生起,婴儿在与成人交往中逐渐积累了大量母语经验,为进一步的语言发展打下基础。1岁以内的婴儿能理解一些常见的人称并指认常见且简单的物体,能对成人的一些简单指令如"伸出手""看这里"作出相应反应。

前言语阶段的婴儿尚未真正掌握语言,只能通过发出简单的声音来表达需求和情绪。这些声音虽然不具有符号意义,但能为1岁以后口头语言的真正产生起到练习和准备作用。除了声音,婴儿也逐渐学会使用手势等方式与成人互动沟通。

(二) 不完整句阶段(1～2岁)

1岁左右的幼儿能够主动输出有意义的语言,这标志着符号交际的开始,婴幼儿口头语言由此开始真正建立,此阶段还可进一步细分为单词句和双词句两个阶段。

在1～1.5岁,幼儿只能用单词句表达语言,即一个词代表一个句子。例如,当幼儿说"妈妈"这个词时,可能代表妈妈我想要你抱抱我。而到了1.5～2岁左右,幼儿开始使用双词句,即电报句,它是由两个单词组成的不完整句,例如"妈妈拿""爸爸走"等。相较于单词句,双词句表意更加明确并已具备句子雏形。但是无论是单词句还是双词句,这一阶段的幼儿一般无法表达出完整的句子。

(三) 完整句阶段(2～3岁)

这一阶段的幼儿词汇量迅速增加,学习新词的积极性非常高,经常会指着某个东西问"这是什么""那是什么"。幼儿开始表达完整的简单句,例如"我要玩那个""这个鞋鞋不好看"等,并出现复合句,例如"如果宝宝乖,我就可以喝奶",这说明3岁左右的幼儿已经初步发展出语言表达能力。

二、婴幼儿语言发展的观察要点

为了更加具体地对婴幼儿语言发展进行认识与判断,我们可以再按照不同月龄对其观察要点进行细分。

表5-2-1　婴幼儿语言发展的观察要点[①]

年龄段	观察要点
0～3个月	与成人玩时能发出咯咯笑声或笑出声来; 能发出咕咕声或发出 a、o、e 等母音; 能在成人对他说话时偶尔发出声音回应; 对人声和其他声音非常感兴趣,能用眼睛四处寻找声源,并盯着声源(人的嘴或发出声音的物体)看

---

① 注:本部分观察要点参考国家卫健委颁布的《0～6岁儿童发育行为评估量表》(2018)与(英)萨莉·沃德著,毛佩琦译的《与宝宝对话》(中信出版社,2021第1版)进行编制。

（续表）

年龄段	观察要点
4～6 个月	常自主发音玩"发音游戏"； 能理解经常听到的词语，如"拜拜""爸爸"； 能对小的请求（如"妈妈抱抱"）和要求（如"不行"）作出回应； 能理解简单的手势
7～9 个月	模仿成人的声音和语调； 能发出一长串重复的音，如 da-da-da-da，ma-ma； 理解一些熟悉的人名和物名以及常用语； 能用动作和手势来表达
10 个月～1 岁	能在熟悉的环境中听懂许多人名和物品； 能用摇头表示"不要"； 能运用 1～3 个词语，例如一系列欢迎语和再见语； 目光能追随成人的手势看向相应的指示对象； 知道自己名字的发音，听到别人叫自己名字能回应
1 岁 1 个月～ 1 岁 4 个月	能辨别并运用 3～6 个词语； 能用手势表达自己的需求； 听到熟悉的人名或物名时会望向它们
1 岁 5 个月～ 1 岁 8 个月	能在大人的要求下指出洋娃娃的头发、耳朵和鞋； 词汇量在 10～50 个之间； 能模仿由两三个词语组成的句子或听到的一些声音； 能理解一些非名称词语，比如"吃饭""睡觉"
1 岁 9 个月～ 2 岁	能理解复杂的长句； 能运用大约 50 个词语； 能表达包含 3～5 个词的句子； 能表达常见物的用途，比如碗、笔、凳、球
2 岁 1 个月～ 2 岁半	能表达 200 个词语甚至更多； 能表达包含 7～10 个词的句子； 能对自己描述正在发生的事； 能询问包含"什么""哪里"等疑问词的问题； 能用"我"这一人称代词来指代自己； 理解指令
2 岁 7 个月～ 3 岁	发音基本清楚； 能饶有兴致地听故事； 能自言自语地描述正在发生的事； 能参与有关过去事件的谈论

三、婴幼儿语言发展指导要点

我们已经在上文中学习了婴幼儿语言发展的一般规律、进程和观察要点，那么基于这些内容我们应如何在实际教育教学实践中对婴幼儿语言发展作出科学有效的指导呢？例如，0～1 岁的婴儿处于前言语阶段，能发出各种声音但不会表达词语和句子，我们应如何基于上述观察要点对他们进行实际的观察、记录、评估和指导呢？下面我们分别从 0～1 岁、1～2 岁和 2～3 岁三个年龄段来探讨婴幼儿语言发展的指导要点。

（一）0～1岁婴儿语言发展指导要点

［案例5-2-2］ 贝贝爱听故事

8个月大的贝贝最爱听爸爸妈妈讲故事。当爸爸妈妈抱起她，并在她面前打开绘本，开始讲故事时，贝贝总是睁大眼睛看着爸爸妈妈手里的绘本，紧贴着爸爸妈妈听他们讲故事，有时候还会动动小手小脚，在爸爸妈妈怀里蹦动，发出"嗯嗯"的声音，不知道在激动什么。贝贝的爸爸妈妈很好奇，贝贝的激动真的是对故事的反应吗？怎样的故事是比较适合贝贝的呢？因为有些故事在大人看来可能教育价值不高，而且包含很多重复的语句，但是贝贝听了却表现得很感兴趣和喜欢。

分析：

首先，对于8个月大的婴儿来说他们偏好父母的怀抱，尤其是紧贴父母胸腔和脸颊的抱姿，他们喜欢这种与父母亲密相处的方式。其次，他们正处于婴儿语言发展的前言语期，可能无法讲出完整的词语或句子，但是他们正如海绵一样在疯狂地吸收外界"输入"的语言，在不停地汲取"养分"，重复且带有童趣风格的绘本文本是他们易于并乐于接受的语言风格。

建议：

0～1岁的婴儿尚处于语言发展的前言语阶段，上面的观察记录与分析，结合本阶段婴儿语言发展的一般规律和进程，我们可以采取以下针对性的指导策略。

1. 提供充分的语音刺激

对于0～1岁的婴儿来说，他们具有与生俱来的强大的语言习得能力，因此我们成人需要做的不是教他们语言，而是为他们提供充分的语音刺激，他们会自发地向内"输入"这些有声语言并基于理解地轻松地"吸收"它们。具体而言，生活中的任何场景都可以成为他们"输入"外界语言的契机，例如，在给婴儿洗澡、喂饭和穿衣服的时候与他们对话，又如，告诉婴儿你正在做什么，你将要去哪里，你将要做什么，你到达某个地方之后会做什么事情，你们会见到谁等。

2. 语音刺激应以"婴儿语"为主

虽然婴儿具有强大的语言吸收能力，但是需要注意的是，他们对语言存在偏好，倾向"输入"他们易于理解的普遍存在于在他们世界中的"婴儿语"（baby talk），例如"宝宝肚肚饿了！""小手手摸摸妈妈！"这类语言相较于成人世界的语言更适合婴儿的理解水平，需要成人在表达时适当简化语词、加强语调、夸张语气，放慢语速且适当重复，最好再配合上肢体动作，这有助于加强婴儿对语言的理解、记忆与联结。

3. 对婴儿语言予以积极回应

除了从外界"输入"语言，对于婴儿自发的"咿呀学语"，成人应予以积极回应。由于婴儿尚未发展出真正的语言，所以成人可以与他们玩各种声音游戏。例如，当婴儿主动发出声音时，成人就用声音、表情或者动作回应，然后婴儿接应并继续发声，从而形成婴儿与成人"一唱一和"式的互动。在这个过程中婴儿逐渐领会语言的交流作用。成人还可以将婴儿的发音与有意义的语音相联系，例如当婴儿发出类似"ma"的声音时，成人可以微笑地看着幼儿，慢慢回应说"ma——妈——妈——"并鼓励他们模仿自己。成人对婴儿语言的积极模仿和回应不仅有利于他们领会语言的交际功能，还有利于强化他们的语言行为，让他们更加主动并乐于表达自我。

（二）1～2岁幼儿语言发展指导要点

［案例5-2-3］ 小石头喜欢的玩具

1岁半的小石头喜欢上了一个非常特别的玩具，那就是家里的锅！它不是姥姥姥爷为他买的过家家里的玩具锅，而是家里用来做饭的真锅。这是因为有一次爸爸在厨房做饭，妈妈带着他在旁边玩，突然他就对爸爸在用的大铁锅产生了兴趣，说"妈妈，我要玩"，手指着爸爸在用的大铁锅，妈妈说"锅不能玩的"，但是小石头还是坚持想要玩，于是妈妈只好把挂在旁边的平底锅取下来给他玩，顺便教他认识相关物品，妈妈说："宝宝，这个是锅，这个是锅盖，就是锅的盖子。有的时候我们需要把锅的盖子盖上，这样爸爸就可以更快地做好饭啦。我们可以用这个锅来炒菜、炒肉、炖汤，做很多好吃的，给宝宝吃，给爸爸吃，给妈妈吃。""小石头还想炒菜给谁吃吗？"小石头想了想说："给姥姥姥爷吃……"小石头的话匣子由此被打开，一边摆弄着平底锅，一边嘟嘟囔囔、有一句没一句地和妈妈对话着。

分析：

1～2岁是幼儿语言的快速发展期。相较于前言语阶段的婴儿，1岁半的小石头不仅懂得运用语言来表达和坚持自己的需求，而且在词汇量、表达欲和表达能力等方面都有了明显的发展。词汇量的发展体现在小石头不仅会用第一人称代词"我"和指示代词"那个"，还会说"妈妈，姥姥，姥爷"这些日常的人名。表达欲的增强体现在小石头一直主动地跟妈妈保持着交流。表达能力的发展体现在小石头不仅会发出一些词，还会说出"给姥姥姥爷吃……"这样的句子。

建议：

1～2岁幼儿语言发展处于不完整句阶段，只能用单词句或双词句来表达。根据上面的观察记录与分析，结合本阶段幼儿语言发展的一般规律和进程，我们可以采取以下针对性的指导策略。

1. 输入"平行言语"

首先，建立共同的关注点。观察幼儿的目光停留之处，然后顺着这个关注点展开话题，把他看到的事物一个一个描述给他听。除了追随幼儿的目光，与他们保持眼神交流也非常重要，因为只有这样，他们才能关注到我们，我们对他们关注事物的描述才能真正"输入"他们的大脑。我们还可以用语言描述幼儿或者成人正在进行的活动，最好是幼儿一边做成人一边描述，这样有助于幼儿实现语言的内化。描述时，多用长度短小、结构简单的语句，放慢语速，并通过重复或者重音进行强调。

2. 有技巧地进行"言语扩展"

基于维果斯基的最近发展区理论，我们可以先评估幼儿目前已经达到的语言发展水平，然后有技巧地进行扩展，拓展词汇和句型，为他们提供达到更高发展水平的"脚手架"。例如，当幼儿说"妈妈在擦桌子"，妈妈可以回应"是的，妈妈在用抹布擦桌子。"当幼儿表示想要"喝牛奶"时，成人可以回应"你想要牛奶吗？我有甜甜的牛奶，还有带水果粒的牛奶，你想要哪种？"当幼儿拿着坏了的玩具小车来找老师说"坏了"的时候，老师可以回应"哦，小汽车的轮胎坏了"。

（三）2～3岁幼儿语言发展指导要点

［案例5-2-4］　小伟老师的"婴儿语"

在托儿所工作不久的小伟老师正在努力学习如何和婴幼儿打交道。通过观察，他发现很多老师喜欢用叠词，例如便便、饭饭、车车等，并辅之以可爱温柔的语气。于是他模仿这些老师与婴幼儿交流。有经验的肖老师观察到小伟老师这一行为之后，特意找他聊天，告诉他，对于年龄比较小的婴幼儿，比如2岁以下的婴幼儿或者刚入托儿所的婴幼儿可以使用这样的"婴儿语"，对于稍大一些，比如2岁以上和对托儿所较为熟悉的幼儿，应当使用正常对话用词。

分析：

2岁之后，幼儿的词汇量迅速增加、语言交谈能力提升、会经常发问。这时候要多跟他们交流，专心倾听他们说话，耐心回答他们的疑问，鼓励幼儿用语言表达自己的需求和感受。在生活中要提供正确的语言示范，保持与幼儿的交流与沟通，引导其倾听、理解和模仿语言。此阶段应尽量少说"婴儿语"（比如：便便、饭饭），多用正式的表达，比如"我们应该吃晚饭了"，而不要说"我们来吃饭饭"。

建议：

2～3岁幼儿语言发展处于完整句阶段，已经初步发展出语言表达能力。随着词汇量迅速增加，他们学习新词的积极性也非常高。在此阶段，在托儿所或幼儿园的时间相对多了起来，教师对他们语言发展要起到专业性作用。针对这些特点,我们可以采取以下指导策略。

1. 指导幼儿正确地运用词语说出简单的句子

要在幼儿说话的基础上展开、扩充,刺激幼儿语言的发展,丰富语言表达内容,增加语言表达方法。

2. 提供适当的玩教具,创设有趣的活动情景

在幼儿学说话的过程中可以提供适当的玩教具,创设有趣的活动情景,如讲故事、唱儿歌、一起游戏,让他把接受语言刺激与游戏的快乐结合起来,使他逐步感受到语言的作用和力量。

3. 丰富幼儿的认知经验

丰富幼儿的认知经验有利于刺激幼儿语言发展、创造语言交流契机。创造条件和机会,使幼儿多听、多看、多说、多问、多想,谈论生活中的所见所闻。

另外,对这一阶段的幼儿,可以适度提供适合阅读的儿歌、故事和图画书,培养幼儿早期阅读兴趣和习惯,也培养他们前阅读和前书写的能力。

拓展练习

一、思考并回答下面问题。

刘老师观察到 1 岁的婴儿说出"猫猫""宝宝"等单个的词,这种现象对于这一年龄段的婴儿语言发展来说是正常的吗?结合相关理论知识作出阐释并给出进一步的指导策略。

二、阅读下面的案例,并回答问题。

材料一:

[案例 5-2-5] **和孩子沟通的妈妈**

一个妈妈是这样和正在玩小汽车的孩子说话的:"这是什么?这是车车,叭叭。宝宝,你再拿一辆车子,你看看还有别的车子吗?"孩子还是拿着第一辆车,没有看其他的车。妈妈就说:"看,还有积木呢。我们一起堆积木吧,你看看积木有什么颜色的?"妈妈自己堆了起来,而孩子只是看了一眼,并没有和妈妈一起玩。

问题讨论:
1. 根据案例中婴幼儿的行为表现,判断他处于哪一个语言发展阶段。
2. 你认为案例里这位妈妈的语言指导的方法适宜吗?

材料二:

[案例 5-2-6] **对 2 岁果果的观察——果果的阅读活动《猜猜我有多爱你》**

果果 2 岁 2 个月了,是个可爱的小女孩,9 月 10 日刚刚进入托班。陈老师发现果果有时在幼儿园里一天都不说话,跟她说话似乎又什么都能听懂。陈老师想要通过观察的方式来进一步了解果果的情况,从而对果果的语言发展给予适宜的指导。

日期:9 月 13 日

地点:活动室内

对象:果果

情景:阅读活动《猜猜我有多爱你》

记录:

向果果提问:"小兔子最后说,他对大兔子的爱到了哪里?"果果不说话。继续耐心等待和温柔鼓励:

"果果慢慢说,真棒。"果果小声说:"叶、叶酿(月亮)。"

分析:

果果可以理解教师的问题,也可以理解故事的内容。在鼓励之下,可以回答关于故事内容的问题,但是发音不准确。比如 yue 说成 ye,liang 说成 niang,lao 说成 ao 等,翘舌音的字讲不出来。

问题讨论:

1. 果果现阶段的语言发展有什么特点?
2. 根据果果的现状,你认为陈老师的观察要点有哪些?
3. 对果果的语言发展应该给予哪些适宜的指导?

任务三　婴幼儿社会性发展观察与指导

微课 5-3
婴幼儿社会性发展的一般规律和趋势

案例导入

[案例 5-3-1]　刘老师对新入园托班幼儿分离焦虑的观察

观察数据收集与统计:

在幼儿园新学期开学之初,为帮助新入园的托班幼儿缓解分离焦虑,更快地适应幼儿园环境,刘老师对自己所在班级幼儿(年龄为 2 岁 8 个月~3 岁 4 个月,共 24 人)的分离焦虑现状进行了观察研究。已有研究发现新入园小班幼儿的分离焦虑主要有五种外在行为表现:大声哭、哭泣、依恋自带物、依恋老师和默坐,频发时段为早上入园、午餐、午睡前后、午睡起床后和离园。基于已有研究,李老师运用时间取样法设计观察记录表,对不同时段不同焦虑类型幼儿的数量进行为期一天的观察,观察结果见表 5-3-1 和图 5-3-1。

表 5-3-1　新入园托班幼儿分离焦虑观察记录表

时间＼类型	大声哭	哭泣	依恋自带物	依恋老师	默坐	合计
8:00—8:30	18	1	5	3	0	27
11:00—11:30	9	1	3	3	1	17
12:00—12:30	12	1	1	0	0	14
15:00—15:30	11	0	4	1	2	18
17:00—17:30	12	1	1	0	0	14

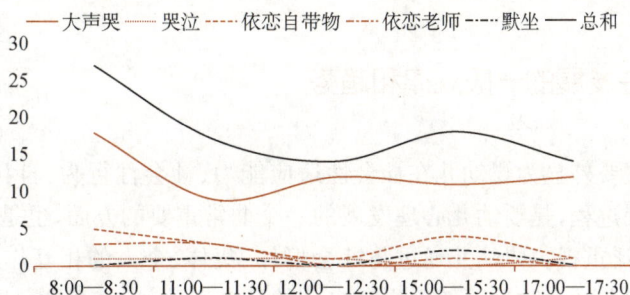

图 5-3-1　新入园托班幼儿分离焦虑观察折线图

观察数据分析与评价：

折线图5-3-1形象直观地显示了两方面信息：一是就分离焦虑发生的时段而言，8：00—8：30和15：00—15：30是新入园托班幼儿分离焦虑集中爆发的两个时段。为什么是这两个时段？早上入园时幼儿最直接地面临着与家长的分离，分离的害怕和恐惧导致了幼儿以哭甚至是哭闹的行为方式来表达分离焦虑情绪，因而最明显。而午睡起床后幼儿会焦虑主要是因为他们醒来发现在睡房，这对他们而言是一个陌生的没有熟悉家长或物品的环境。二是就分离焦虑的外在行为表现而言，大声哭和依恋自带物是新入园托班幼儿分离焦虑最为典型的两大行为表现。依恋自带物是指幼儿将家中带来的物品作为新的依恋对象，暂时替代主要的依恋对象（一般是母亲），从而满足自身安全归属的需要。

基于观察的行为指导：

首先，刘老师在短期内对托班作息制度进行了微调，视幼儿情况允许延迟或提前托班幼儿早晨入园或离园的时间，这样一方面为存在严重分离焦虑的幼儿提供了适应幼儿园作息的过渡期，另一方面也可以使幼儿园抽出更多人力来帮助托班教师做好幼儿情绪安抚工作。

其次，对于表现出分离焦虑的婴幼儿，老师尝试引入新奇刺激来转移幼儿的注意，例如配备更多的新奇玩具或组织有趣的游戏活动来吸引幼儿，令他们渐渐对幼儿园环境产生积极情绪而不是焦虑和恐惧。

最后，在幼儿离园时与家长建立积极沟通，了解幼儿表现的家庭因素的影响，同时请家长配合了解幼儿的真实想法并将这些想法在第二天来园时告诉教师，以使教师能及时调整策略。

指导成效：

通过一个月的干预和指导，刘老师发现班级幼儿的分离焦虑得到了明显的缓解。虽然有些幼儿在过完周末或者假期返回幼儿园时仍会表现出一定程度的分离焦虑，但是焦虑的时间和强度相较于入学初期明显缩短和降低。大多数早晨刘老师迎接的都是一个个对她礼貌问好且脸上洋溢着微笑的幼儿，他们对幼儿园充满了期待，坚信幼儿园里有很多快乐和新奇的事物在等着他们去享受呢！

任务要求

婴幼儿社会情绪能力或者叫情绪社会性是婴幼儿社会性发展的重要方面。结合案例，通过学习，掌握不同年龄段婴幼儿社会性发展的一般规律或进程，并在此基础上，把握不同年龄段婴幼儿社会性发展的观察要点和具体的指导要点。这是观察应用于实践的必经之路，婴幼儿的社会性发展在婴幼儿发展中占据重要地位，在了解的基础上进行观察和指导才能更好地发挥作用。

核心内容

对婴幼儿社会性发展进行观察与指导，是非常必要的。根据国内外关于婴幼儿社会性发展的权威研究，如《贝利婴幼儿发展量表》《丹佛婴幼儿家庭教养及社会性发展评估量表》的领域指标，并重点参考国家卫健委颁布的《0～6岁儿童发育行为评估量表》的领域指标，从应用于实践的角度出发，我们将着重从婴幼儿社会性发展中的社会适应能力、社会行为两方面观察入手，结合婴幼儿社会性发展案例分析适宜的指导。

一、婴幼儿社会性发展的一般规律和趋势

婴幼儿社会性发展主要外显为婴幼儿在社会性适应能力、社会性行为、自我意识、人际交往和情绪表达与控制等方面的发展过程，是婴幼儿心理发展的一个非常重要的方面，也是婴幼儿成长中出现问题较多的方面，日益受到广泛重视。婴幼儿通过与社会群体、集体、个人的相互作用、相互影响，以及个体主动积极地掌握社会经验和社会关系系统来丰富自己的社会经验，形成个性。通过社会性发展，婴幼儿

逐渐掌握社会规范,并且开始适应社会角色,不但成为社会作用的客体,而且成为具有社会作用的主体。

(一)婴幼儿社会性发展的一般规律和趋势

婴幼儿的社会性发展跟任何事物的发展一样,也呈现出了各自的发展趋势,主要表现为:

1. 从简单到丰富

婴幼儿生来具有发出信号的能力,他们的哭声或笑声都是影响成人的信号,是一种无分化的社会行为。在与成人的社会交往中,婴幼儿逐渐懂得对他人的行为给予反应,慢慢地具备了从整体上去区分不同的人的能力,尤其是区分母亲和其他人。由此开始,婴幼儿社会行为有了显著的变化,开始明显的、对最亲近的人的依恋行为。随着婴幼儿社会化交往的范围不断扩大,婴幼儿社会性发展从最初的单纯社会化反应逐渐过渡到社会性情感联结的丰富性反应。

2. 从单一化到多样化

婴幼儿出生后,首要是要满足生存的生理需要。在父母的精心照顾与呵护下,亲子关系日渐加深,并形成一定的依恋关系,这时候依恋关系主要是发生在家庭内部、父母之间。随着年龄的增长,在 1 岁左右,婴幼儿身体发育和认知增长,他们的"世界"扩大了。到 2 岁左右,婴幼儿与同伴的交往渐渐超过了与父母的交往,他们也需要在群体中与同伴交往,交往对象数量和类型增多。

3. 从被动规范化到主动失范化

婴幼儿的社会行为与个体的自我控制有密切的关系。大多数研究者认为,自我控制在婴幼儿出生后第二年就已经出现。2 岁之前,婴幼儿表现出明显的遵从行为,遵从于成人的要求,是一种被动的规范化。但是 2~3 岁的幼儿随着自我意识的发展,行动能力的增强,语言及其模仿能力增强,开始表现出极其不合作和抗拒行为,他们想通过按自己的方式做事来体现自己的独立和独特。

总之,从发展的角度来说,婴幼儿的社会性发展不是天生的,也不是通过短期训练就可以获得的,是需要看护者和教育者尽早对其进行恰逢其时的指导,才会使其一生都受益。

二、婴幼儿社会性发展观察要点

0~3 岁婴幼儿社会性的发展是他们在日常生活中点滴发展的,我们在观察的时候可能会容易忽视,比如婴幼儿每次的微笑、对陌生人态度的变化、"撒谎"的变化、"告状"的变化等。婴幼儿社会性主要包含生活上的自理能力、自我意识的形成、情绪的表达与控制、社会行为规则的遵守等社会适应能力,和亲子依恋、同伴分享与合作、师幼互动等社会交往行为。婴幼儿在不同年龄段和月龄段其社会性发展具有不同的特点,为了更具有针对性地观察,我们列举了以下观察要点。

表 5-3-2　婴幼儿社会性发展观察要点[①]

年龄段	分类	观察要点
0~3 个月	适应能力	眼睛可以跟随指定或者显眼的物品移动;能即刻注意到大的玩具出现;能够逐渐注意到胸前出现的玩具。
	社会行为	会注视发声的人;视线跟随走动的人;自发微笑;被逗引时有反应,比如出现动嘴巴、伸舌头、微笑等;逐渐会见人就笑。
4~6 个月	适应能力	能和成人目光对视;能注意到小的物品;能拿住一个玩具时注视另一玩具;能寻找落下的玩具。
	社会行为	会注视镜中人像,逐渐会有对镜游戏;能认出亲密的人;能分辨出喜欢的人或物,见到喜欢的人或物会兴奋;在陌生的环境里会表现出不安,会躲避陌生人;靠近喊他名字,会有反应。

---

① 注:本部分观察要点主要参考国家卫健委颁布的《0—6 岁儿童发育行为评估量表》、周念丽的《0—3 岁儿童观察与评估》(华东师范大学出版社,2020)以及《贝利婴幼儿发展量表(第三版)》(BSID-Ⅲ)、《丹佛婴幼儿家庭教养及社会性发展评估量表》中的指标。

(续表)

年龄段	分类	观察要点
7～9个月	适应能力	将物品换手摆弄;伸手够原处玩具;有意识地摆弄、把玩玩具,比如摇铃、对敲积木等;可以在成人帮助下扶着水杯喝水;可以自喂食物;渐渐会通过面部表情或动作传达需求;当成人禁止做某件事时,能够立刻停下
	社会行为	会挥手再见、招手欢迎;会注视、伸手去接触、摸另一个儿童;喜欢交际类游戏;表现出喜爱家庭成员、对熟悉、喜欢他的人要求抱他;能认出生人,对生人表现情绪不稳定,表现忧虑;懂得成人面部表情,受责骂或不高兴时会哭
10个月～1岁	适应能力	自行寻找盒内的东西;打开/掀开遮罩拿玩具;盖上盖子;会模仿照料娃娃,如拍拍娃娃、给娃娃喂水等;经常模仿大人的举动
	社会行为	懂得常见物、人的名称;服从简单的指令;听到表扬会重复刚刚的动作;能完成比较简单的生活自理动作,比如摘帽子、自己喝水、配合穿衣;与同伴一起玩玩具时,有对玩具的共同注意;需要依恋对象陪伴;看见陌生人会焦虑害怕
1岁1个月～1岁半	适应能力	会翻书;积木搭高四块;放物品到应放的地方,比如圆木块嵌入圆槽;开始能理解并遵从来自成人的简单的行为准则和规范;会依赖自我安慰的东西,如毯子等物品;能够指认自己的鼻子、眼睛等五官中的一到两个或更多
	社会行为	能完成简单的生活自理动作,比如穿脱袜子、使用勺子;白天能控制大小便;经提示会说"谢谢"等礼貌用语;对陌生人表示新奇,也会觉得焦虑害怕;听从劝阻
1岁7个月～2岁	适应能力	积木搭高7～8块;知道较为简单的常识,比如常见色、常见物;可以一页页地翻书;会帮忙做事,如学着把玩具收拾好;较为听从母亲的指示,会为了让母亲高兴而听话;有一定的自理能力,如可以自己脱衣服
	社会行为	能表达个人需要;会玩想象性游戏;会打招呼;会问简单问题,比如"这是什么?";交际性增强,较少表现出不友好和敌意;游戏时模仿父母动作,如假装给娃娃喂饭、穿衣;较为听从母亲的指示,会为了让母亲高兴而听话;会在意自己的名字,知道别人叫名字是在提及自己
2岁1个月～2岁半	适应能力	认识大小;摆正物品或让简单的物品恢复原样;知道"1"与"许多";能自己穿衣服;不再怕生,在新环境中很快适应;有一定的自我控制,能够遵从一定的规则;游戏时能理解简单的游戏规则
	社会行为	开始有简单的是非观念;模仿家长的行为,看到家长做什么,也要做什么;与同伴的交往增加,交往中会护着自己的东西;主动表达自己的需要,说出自己想要的东西;能主动发起同伴交往;同伴交往中出现一定的合作行为,如将物品递给同伴等
2岁7个月～3岁	适应能力	积木搭高10块;连续执行三个命令;懂得"3";认识至少两种颜色;游戏时能理解简单的游戏规则;能自己穿衣、收拾玩具;能够遵从简单的行为规则,并养成习惯;能区分自己和他人的性别
	社会行为	乐于和其他儿童一起游戏,并能够不打扰其他儿童;知道如何排队并耐心等待;开始学习和同龄同伴分享玩具;开始能够正确地表达失望的情绪,有一定的自我控制能力

三、婴幼儿社会性发展指导要点

根据本任务前两个部分的学习,我们已经基本了解了婴幼儿社会性发展的一般规律和观察要点,那么在知道这些的基础上,我们在实际的教育教学实践中对促进婴幼儿社会性发展能做些什么呢? 比如,知道婴幼儿2～3岁时应能做到哪些社会适应行为,那么我们如何简要评估其社会性发展水平并进行科学的指导呢?

婴幼儿入托或入园是其真正走出家门的关键一步,也是其社会性行为集中爆发的时期。我们将通过这方面典型案例来探讨婴幼儿社会性发展的指导要点。

(一) 0～1岁婴儿社会性发展指导要点

[案例5-3-2]　4个月的扎克[①]

在一个春光明媚的日子里,4个月的扎克坐在父亲的怀里来到我教室的门前。那天早晨,这个教室已变成了一间游戏室。他后面跟着在母亲带领下的13个月的艾米莉和23个月的布兰达。我和学生在接下来的一个小时中对三个孩子进行了密切的观察。尤其令人着迷的是孩子们对人和物的情绪反应。当父亲将扎克举到空中时,他开心地咧嘴而笑,当在他肚子上亲热一吻后,酥痒的感觉让他兴奋得咯咯笑个不停。当我递给扎克一只响声器时,他眉头紧锁,一脸严肃,眼睛紧紧地盯着响声器,一面动用全部的精力想要够到它。

扎克转到了我的怀中,然后又坐在了几个学生的腿上,始终非常放松(尽管他只向自己的父亲露出甜甜的笑容)。

分析:

婴儿在4个月左右视力持续发展,可以看清并且看得稍微远一些,他们能够把不同的照料者看得更清楚一些,不是面对面的距离时也能够看见了,能够"储存"最亲密的照料者的模样,比如母亲的脸庞。到了半岁他们的视力逐渐接近成人,能够分辨出照料者和陌生人不同的脸庞。同时,他们的听力也在持续发展,慢慢地可以分辨出不同的照料者的声音,会对最亲密的照料者母亲的声音逐渐敏感,逐渐能够从众多声音中识别出来亲密照料者的声音。这些变化都让他们在前依恋期开始逐渐发展出对亲密照料者的依恋的情绪与情感。

前面这些变化还主要集中在生理上,而在情绪情感上,相较于非人脸的图像,婴儿表现出对人脸图像的偏爱,而且喜欢正常表情的脸,不喜欢"鬼脸",开始对成人的面部表情呈现的情绪作出反应,比如父亲对扎克的喜爱之情溢于言表,扎克"接收"到了这份喜欢,也是"咯咯大笑"并且和父亲积极互动。

亲密的照料者的积极行为和积极情绪表达会引发婴儿的积极情绪交流,比如在案例中,父亲营造了一个良好的氛围,给予孩子积极的情绪表达,扎克也能接受坐在陌生人的腿上,并且很放松。

建议:

根据上面的观察要点,4～6个月的婴儿"能认出亲密的人;能分辨出喜欢的人或物,见到喜欢的人或物会兴奋;在陌生的环境里会表现出不安,会躲避陌生人;靠近喊他名字,会有反应",从案例中4个月的扎克的行为表现来看,无论在亲子依恋关系建立、情绪反应、对陌生人和陌生环境的适应上,都表现出良好的发展状态。这些都是与其最亲密照料者父母的精心呵护和指导有着不可分割的联系。针对0～1岁婴儿社会性发展的指导,扎克的最亲密照料者给予我们的启发如下:

1. 良好的亲子关系促进婴儿情感形成与社会化

依恋是人的社会性最基本的表现形式和最早的表现。婴儿早期的亲子关系是其社会性发展的重要因素。亲子之间一旦形成了良好的依恋关系,婴儿获得安全感,有助于其自由地向外探索,主动地与人交往,从而逐步适应社会。

2. 对婴儿作出积极的反应

即便是在非参与式的观察中,如果婴儿对你微笑,作为成人我们最好也报以真诚的微笑。许多研究都表明,婴儿喜欢得到积极的情绪性的反应,不喜欢成人或者自己的伙伴面无表情。在我们与婴儿相处或者近距离观察的时候,最好保持友好的状态,减少服饰与肢体动作带来的攻击性,让他们感觉到安全。

---

① ［美］劳拉.儿童发展(第八版)[M].邵文实,译.南京:江苏教育出版社,2014:623-624.

3. 与婴儿的父母共处建立关系

作为托育机构的教师,想要与这个年龄段的婴儿建立良好的关系,最好还是一开始同父母建立起这份关系,让父母把你代入他们亲子相处的情境中,不要蓦然就同婴儿打招呼或者直接上手搂抱婴儿。当婴儿感觉到自己的父母对你的友好态度和信任,他会参照自己对父母的信任来信任你。

(二)1~2岁幼儿社会性发展指导要点

[案例 5-3-3] 艾米莉和布兰达①

……在母亲带领下的 13 个月的艾米莉和 23 个月的布兰达……艾米莉和布兰达对满屋子的陌生人保持着警惕。当我举着一个玩具诱哄艾米莉上前来拿时,她缩回身,向母亲看去,似乎在检查是否可对这个新出现的大人和诱人的物体进行安全的探索。但当母亲鼓励她时,艾米莉好奇地走上前来,接受了玩具。布兰达对这个场合的理解力更好,加上母亲的解释,这都有助于她的调适,因此她很快便全神贯注地投入游戏中。在一个小时的时间里,布兰达展现了各种各样的情绪,包括在镜子里看到自己下巴上的巧克力时的窘迫,以及我对她搭建的积木高塔发表评论时的骄傲神情。

分析:

从婴幼儿依恋的发展规律来看,7 个月以前就能快速与照看者形成亲密而又特殊的依恋关系,婴幼儿可以更好地区分陌生人和亲密的照料者,会非常信任建立起依恋关系的人,与他们对待陌生人的方式明显区分开来,比如这里面的艾米莉和布兰达已经懂得"亲疏远近",对陌生人和陌生环境保持着警惕。

同时,和自己的照料者建立起安全型依恋关系的婴幼儿在照料者的鼓励下是愿意和陌生人互动的,并不会一味抗拒或者盲目热情迎合,就正如案例中的艾米莉在母亲的支持和肯定下开始怯生生地与周围的陌生环境互动,而稍大一些的布兰达就更容易融入陌生但安全的环境。布兰达情绪情感的表达也更为丰富一些,能够传递更多的情绪。

建议:

根据上面的观察要点,1 岁 1 个月~1 岁半的幼儿"对陌生人表示新奇,也会觉得焦虑害怕;听从劝阻。"1 岁 7 个月~2 岁的幼儿"交际性增强,较少表现出不友好和敌意",案例中 13 个月的艾米莉和 23 个月的布兰达的表现基本符合社会性发展规律。针对 1~2 岁幼儿社会性发展的指导,艾米莉和布兰达的母亲和老师给予我们的启发如下。

1. 鼓励婴幼儿表达情绪情感

幼儿在早期社会性活动范围比较小,与他们互动的一般是亲人或者父母的好朋友,随着幼儿年龄的增长,独立性的增强,父母会带他们去外面的世界。在这一过程中,成人可以鼓励幼儿表达自己的情绪情感,和视线范围内安全的陌生人互动,表达自己,锻炼社会适应行为。

2. 成人应关注幼儿状态,及时给予支持和回应

根据斯金纳的操作性条件反射理论,当婴幼儿做出某一行为得到成人的强化后,幼儿再做出这一行为的频率提高了。我们成人应当经常关注幼儿的交往互动状态,及时给予支持、回应和鼓励,以此形成幼儿社会交往的良性循环。

3. 拓展幼儿生活圈,丰富社会性经历

幼儿的社会行为和适应能力需要在真实的情境中发展。我们不可能像对成人进行教育那样多采用口头教育,幼儿需要在运动、活动和感知中获得经验,实现"同化""顺应"以达到"平衡"。

(三)2~3岁婴幼儿社会性发展指导要点

为了保持观察的持续性,案例中对圆圆的观察共有三次,针对 2~3 岁幼儿社会性发展指导,我们选取其中的第二和第三次来说明。

---

① [美]劳拉.儿童发展(第八版)[M].邵文实,译.南京:江苏教育出版社,2014:623-624.

[案例 5-3-4]　对圆圆入学的观察①

第二次观察

观察记录：

2 岁 8 个月圆圆已经入园一个星期了，现在她开始有点不想去幼儿园了。今天早晨醒来，圆圆的第一句话就是："妈妈，我今天可不可以不去幼儿园？"我压抑下心中的疑惑，开导她道："圆圆，你已经长大了，长大了的孩子都是要上幼儿园的。而且你不是很喜欢和幼儿园的小朋友一起玩儿的吗？"圆圆低下了头，不说话。

我送她来到幼儿园门口，圆圆拉着我的手一直不肯松开。我说："圆圆，乖，妈妈下午就来接你。"圆圆扁着小嘴说："妈妈，你能把我送到里面去吗？"看着她委屈的样子，我一阵心疼，于是牵着她的手，把她送到了活动室门前。"圆圆听话，跟老师和小朋友一起去玩儿游戏吧，妈妈得去上班了。"我说。圆圆终于忍不住哭了起来，我又陪她在走廊里待了一会儿，等她情绪稍微平静了一些才离开。圆圆这是怎么了？我心里疑惑不已。

下午 3 点，我早早就来到幼儿园，跟圆圆的老师联系了一下，然后悄悄躲在活动室外面观察圆圆。圆圆手里拿着一个皮球，但是并没有像在家里一样拍球或者踢球，而是呆呆地站在那里，看着其他小朋友玩耍，一句话也不说。听圆圆的老师说，圆圆现在越来越沉默，不如刚开始的时候那么活泼。放学的时候，圆圆一看到我，小嘴巴向下一撇，委屈得哭了……

第三次观察

圆圆入园两个星期了，为了减少圆圆对妈妈的依恋，我们决定让爸爸送她去幼儿园。爸爸比较果断和坚强，他送圆圆，能给圆圆树立一个好榜样。果然，圆圆对爸爸的依恋程度不像对妈妈那样强烈，她现在能做到一边哭着跟爸爸说再见，一边独自走进幼儿园了。

跟我家同住一个小区的有个叫楠楠的小朋友，她跟圆圆同班。楠楠的年龄比圆圆稍大一点，之前上过一段时间的亲子班，已经基本能够适应幼儿园的生活了。我一有空就带着圆圆去找楠楠玩，以便让圆圆与班里的同学熟悉起来，渐渐克服内心对陌生环境和陌生小朋友的恐惧。现在圆圆和楠楠已经是好朋友了。老师告诉我："圆圆现在能够积极地跟大家一起做游戏了，也很听话。"看着圆圆正在一点一点地适应幼儿园生活，我心里一阵欢喜。

分析：

圆圆妈妈用日记记录的方法呈现了圆圆入园一个星期到入园两个星期的变化，这是一种适用于此类事件记录的方法，且观察者作为圆圆妈妈，以这样亲近的角色来进行日记记录也是较为适宜与便利的。通过这两次记录能看到刚进入幼儿园的圆圆分离焦虑日益明显。"导致焦虑的原因可能有两个，一是因为这一年龄阶段的幼儿对亲人的依恋程度比较高，长时间离开亲人会使他们十分伤感；另一个原因是幼儿园的环境布置，老师和小朋友对她来说都十分陌生，她感到没有安全感。"她出现了和其他小朋友一样的入园焦虑反应，比如哭泣、不愿意跟母亲分离，跟其他小朋友玩也没劲。随着时间又推进，圆圆在家长、教师和同伴的陪伴和支持下，慢慢地克服了入园焦虑的情绪，获得了新的社会行为和适应能力以及对自我情绪调节的小技巧。

建议：

根据上面的观察要点，2 岁 1 个月～2 岁半的幼儿"在新环境中很快适应；有一定的自我控制，能够遵从一定的规则；与同伴的交往增加，能主动发起同伴交往；同伴交往中出现一定的合作行为"。2 岁7 个月～3 岁的幼儿"开始学习和同龄同伴分享玩具；开始能够正确地表达失望的情绪，有一定的自我控制能力"，案例中 2 岁 8 个月圆圆的表现基本符合社会性发展规律。针对 2～3 岁幼儿社会性发展的指导，圆圆母亲和老师给予我们的启发如下。

---

①　案例引用自：李晓巍.幼儿行为观察与案例[M].上海：华东师范大学出版社，2017：65-66.（注：分析、指导与对策部分有参考原文的分析、评价、建议）

1. 巧妙处理依恋关系

幼儿确立依恋关系需要一个过程,这一年龄阶段的幼儿对亲人的依恋程度比较高,长时间离开亲人会使他们十分伤感。家长要给孩子更多的理解和关心,多与孩子沟通,借助外力,并鼓励孩子与同班的小朋友交往,促使圆圆能尽快适应幼儿园生活。

2. 帮助幼儿建立良好的同伴关系

家长和教师可以引导并陪伴幼儿与同伴或成人进行互动,提高社会适应能力,帮助幼儿以更积极的状态适应并喜欢集体生活。比如,要注意引导并促进幼儿语言能力的发展,以助于其与他人进行沟通和交往;引导并支持幼儿使用商量性的交往语言,使幼儿认识到有人需要他们的帮助或合作;引导并鼓励幼儿分享,享受分享的快乐。

3. 提供良好的物质环境和宽松和谐的精神环境

帮助幼儿保持情绪稳定、表达焦虑情绪、减缓压力也是非常重要的。这需要我们为幼儿发展提供良好的物质环境和宽松和谐的精神环境;树立科学的教养理念,提供良好的情绪示范;教给幼儿恰当的情绪表达方法,比如合理宣泄、允许适当哭泣、转移注意力等。

拓展练习

案例分析。

[案例 5-3-5]　小米的困惑

一岁半的小米趁哥哥不注意,拿走了三岁哥哥最心爱的玩具。哥哥讨要无果,生气地走了。妈妈告诉小米,快还给哥哥,哥哥生气了。小米嘟囔着说:哥哥走了,走了。小米知道哥哥走了,但是不知道哥哥是因为什么而走。

问题讨论:
1. 试着分析案例里的小米为什么不明白哥哥因为什么而走。
2. 对于这一阶段的婴幼儿,我们在进行观察和教育时候应该怎么做?

任务四　游戏中婴幼儿的行为观察与指导

微课 5-4
婴幼儿游戏
的类型

案例导入

[案例 5-4-1]　喜欢"躲猫猫"的泽泽

10 个月的泽泽特别喜欢和妈妈玩"躲猫猫"的游戏,妈妈用纱巾盖住自己头部,宝宝会很惊喜地拉开纱巾,看到妈妈的脸,他很开心地笑着;泽泽和姐姐玩躲猫猫游戏的时候,姐姐会藏到窗帘后面,他会蹬着小腿爬到窗帘后面找姐姐,自己也喜欢藏到窗帘后面,让姐姐找他,如果姐姐没有很快地找他,他会自己爬出来,咯咯咯地笑着,再次重复动作藏到窗帘后面。泽泽很喜欢这样的游戏,喜欢找突然看不到的东西;1 岁 3 个月的泽泽已经会走路,会小跑了,而且四肢的动作也很协调了,还是喜欢和妈妈玩"躲猫猫"的游戏,喜欢在不同的房间、不同的位置藏起来,会藏在门后面、窗帘后面,也会藏在柜子里,藏在抱枕后面,藏在沙发角。当别人找到他的时候,他很开心,迅速转移到下一个藏的位置。会让妈妈藏起来,喜欢追在妈妈的后面,喜欢不同的惊喜发现。

问题思考：

1. 10 个月泽泽为什么会喜欢寻找突然消失的物品?
2. 10 个月的泽泽玩"躲猫猫"的游戏形式和 1 岁 3 个月时玩的"躲猫猫"形式有什么区别?
3. 同样的游戏,为什么不同年龄的婴幼儿有不同的游戏形式?
4. 1 岁 3 个月的泽泽的游戏水平是什么样的?

🎯 任务要求

喜欢游戏是儿童的天性,游戏是儿童最喜欢的活动,婴幼儿有大部分时间都是在游戏,所以游戏观察有非常重要而不可替代的价值,结合上述案例,通过学习熟悉婴幼儿不同阶段的游戏特点,掌握婴幼儿游戏观察的方法与观察要点,尝试在实践中学会运用不同观察方法进行婴幼儿游戏行为观察。

婴幼儿的主要活动是游戏,家长或老师希望通过了解婴幼儿游戏来了解幼儿发展水平,包括游戏水平。婴幼儿游戏的种类很多,在婴幼儿游戏过程中,应该运用什么方法来观察,很多家长或老师无从下手,而在观察过程中该记录哪些幼儿的行为,观察的要点又是什么呢? 这是本任务的学习重点和难点。

🎯 核心内容

一、婴幼儿游戏的类型

游戏的种类丰富多样,既有婴幼儿自主自发的,也有由教育者组织的。一般来说,婴幼儿的自由游戏活动,按照游戏的认知分类,可以分为练习性游戏、象征性游戏、结构性游戏和规则游戏;按照游戏的创造性分类,可以分为主题角色游戏、表演游戏、建构游戏;按照游戏的社会性分类可以分为:无所事事、旁观、独自游戏、平行游戏、联合游戏、合作游戏。[①] 因为不同阶段婴幼儿游戏特点是与其发展阶段息息相关的,且较为一致,这里不再赘述其发展特点。

二、婴幼儿游戏观察要点

游戏是婴幼经常参与并且喜欢参与的活动,它们或长或短、形式不一,那么,对于不同类型的游戏观察起来是不是有不同的观察要点? 确实,我们在观察婴幼儿游戏时要考虑游戏自身的特点及其能够激发出婴幼儿发展的不同的点。下面就婴幼儿发展的主要方面总结一些婴幼儿游戏时外在行为与表现的观察要点:

表 5-4-1　游戏行为的观察要点[②]

发展类型	年龄段	观察要点
社会性	0~4 个月	是否喜欢与成人一起游戏
		是否与成人有视线上的交流和动作上的互动

① 刘焱.幼儿园游戏与指导[M].北京:高等教育出版社,2012:59-65.
② 主要参考刘焱的著作《儿童游戏通论》(北京师范大学出版社,2004)中"婴儿游戏特点与指导"章节与刘强与孙琴干主编的《儿童行为观察与分析》(南京大学出版社,2019)。

发展类型	年龄段	观察要点
社会性	5～9个月	是否主动发起游戏，喜欢成为主动的一方
		是否有模仿或追随成人的行为
	10个月～2岁	是否成为主导者，主动发起游戏
		是否掌握一些游戏的基本技能，如等待、轮流、共同参与、假装、重复等
		是否会自娱自乐，自己玩
		游戏中出现的沟通语言与动作
	2～3岁	是否喜欢和年纪相仿的同伴一起玩
		是否会主动选择喜欢的玩伴
		是否能够调整自己的行为以及适应他人
身体运动	0～7个月	是否经常进行有规律的重复动作
		是否进行一些大肌肉动作，比如踢脚、摇动身体
		是否会转动头部、视线追随喜欢的玩具或物体
		是否逐渐喜欢摆弄身边的物体，比如抓、扔、拍、敲
	8个月～1岁半	是否逐渐喜欢追逐嬉戏
		两手同时摆弄的玩具或物体数量是否增加
	1岁半～3岁	如何用手把玩摆弄玩具，比如是否逐渐可以手指握紧、抓提稍重的物品、捏拿较小的物体
		是否有目的地摆弄玩具或物品，比如抱着娃娃到想去的地方，模仿成人阅读或打扫，玩倒空、装满的游戏
认知与想象力	3～7个月	对于成人发起的游戏，是否喜欢参与。比如，成人会在和婴幼儿一起玩游戏时，介绍玩具或物品的名称、颜色、形状等，并且示范动作方式，婴幼儿给予微笑、模仿、视线停驻等回应
		是否能够意识到自己可以使玩具或物体移动，进而以拨弄为乐，比如知道自己手臂上举就可以使摇篮上方悬挂的铃铛发出声音而不时拨弄
		是否逐渐区分自己的身体和物体，比如不再执着于以摆弄自己的脚丫、啃手为乐，而开始摆弄玩具为乐
	8个月～1岁	喜欢模仿成人游戏时的动作、使用的词语与语气，从开始"啊啊"到一个叠字或词
	1～2岁	是否开始玩并喜欢玩角色扮演的游戏，比如假装吃饭、喝水、洗脸等游戏
		是否对于玩具的摆放有自己的想法，比如把几块积木连在一起组成路
		是否能够把两个物体或玩具关联起来，比如茶壶需要茶壶盖，要把茶壶盖儿盖在茶壶上
	2～3岁	是否在游戏中露出思考的表情，试图通过游戏来理解和探索周围的世界
		是否尝试使用一种及以上的策略来玩游戏或解决游戏中遇到的问题
		是否会用玩具固有玩法之外的方法玩玩具或进行游戏

对婴幼儿游戏的观察可以是一次性的，更多的是需要系统性的动态观察，同时，观察需要有效记录才能为婴幼儿的发展提供恰当的"支架"。游戏观察记录可以有很多不同的形式，常见的观察记录方式在前文任务二的婴幼儿行为观察的记录方法中已进行详细阐述，这里不再赘述。

三、婴幼儿游戏指导要点

根据婴幼儿的年龄段的发展特征，并出于实践需要，我们主要介绍练习性游戏、象征性游戏、建构游戏的指导要点。

（一）婴幼儿的练习性游戏指导要点

练习性游戏,也称为感觉运动游戏、技能性游戏或功能性游戏,这类游戏主要是由简单的重复动作组成,是婴幼儿为了获得某种愉快体验而单纯重复某种活动或动作,对新习得或不熟悉的动作进行练习的游戏活动形式,如摇铃、扔东西、滚球等。这种游戏发生的动因主要是婴幼儿的感觉运动器官在运用过程中所获得的快感。这是婴幼儿游戏发展的最初阶段,主要出现在0~2岁的感觉运动阶段,体验是这类游戏的主要形式,其中1岁之前最多,随着婴幼儿年龄的增长,比例会随之下降。

[案例5-4-2]　明明玩猴子摇铃

9个月的明明坐在床上玩,突然碰到了床铃上面的猴子摇铃,这时候床铃摆动起来并发出悦耳的声音。明明于是又用手拉动猴子摇铃,床铃又摆动起来并发出声音,明明兴奋得哈哈笑起来,张开两只手臂不停地使劲拉动,床铃不断摆动并发出声音,他开心得嘴里发出"啊啊"的声音。这个过程持续了2分钟。

分析:

1. 出现感知运动游戏,为了获得愉快体验而出现单纯重复性动作

感知运动游戏主要由简单的重复动作组成,婴幼儿主要是为了感受某种愉快体验而单纯重复某种动作,集中出现在0~2岁期间,尤其是0~1岁最多。9个月的明明无意中拉动绳子而出现床铃的摆动和悦耳的声音,因此在重复的拉动中体验这种快感。

2. 抓握能力、手眼协调能力进一步增强

7~9个月的婴儿手指抓握能力更加灵活,可以用手抓握物体,且手眼协调能力进一步增强,能够判断出手拉动物体后发出的声音来源。明明通过拉动摇铃而引起床铃的摆动以及悦耳的声音,说明其抓握能力以及手眼协调能力进一步增强。

建议:

1. 提供小的有声玩具,锻炼婴幼儿抓握能力

7~9个月婴儿的精细动作进一步发展。如:能用整个小手拨弄到小球,能自己拿来一个玩具再取另一个玩具,还会发现玩具的特点而去反复探索。因此,可以选择大小不一、会发出声响的玩具,吸引婴幼儿关注并锻炼其抓握能力,促进手的灵活性和协调性的发展。

2. 和婴幼儿玩亲子游戏

父母可以和婴幼儿玩亲子游戏,帮助其练习手部动作。手部动作属于精细动作,可以促进智力发展,因此平时可以陪婴幼儿玩一些关于手部动作的亲子游戏。比如:伸手够物,可以延伸婴幼儿的视觉活动范围,使他感觉距离、理解距离,发展手眼协调能力。

3. 不要干扰幼儿的独自探索

当婴幼儿独自探索因果关系时,不要干扰他。6个月以后的婴幼儿在感觉和视觉发展的基础上,开始探索物体的特性以及通过操作引起的某种因果关系。比如:触碰某事物或按某个按钮会发出声音,拍拍敲敲会发出声响,碰小球会滚动等,他会反复去尝试、探索。当婴幼儿发生这些行为时,注意不要随意介入,只需要静静地在一旁鼓励他、欣赏他。

对于这类游戏的指导,我们应创设良好的物质环境,提供丰富多样的游戏材料,同时,还要注意创设平等、尊重和安全的心理环境,让婴幼儿大胆、无负担、安全地玩游戏。另外,需要注意对不同类型的练习性游戏采用不同的指导方法。游戏的类别主要有身体运动游戏、精细动作游戏和感官游戏。

身体运动游戏,即以大的身体运动为材料的游戏,其中,0~1岁以亲子一对一游戏为主。婴幼儿发展是一个量的积累的过程,教师或婴幼儿照料者需要循序渐进地为其提供适宜的刺激和练习,学会慢慢等待婴幼儿的动作发展,保持坚持和耐心等待的教育观。婴幼儿从仰卧到直立行走的过程中,爬是极其

关键的一步,当婴幼儿会爬之后要注意爬行触及范围的安全。

精细动作游戏,即以精细动作为材料的游戏。在这类游戏的指导中,对 3 岁前婴幼儿游戏重在为其提供自由和安全的游戏环境和满足其发展的各类玩具,不过每次提供的玩具不宜过多。学步期开始就要将玩具分类放置,并一一匹配标签、收纳盒和玩具架。在游戏时,教师要做好观察,给予及时回应。

感觉游戏,即以婴幼儿感觉为材料的游戏,比如,婴幼儿偶然用手碰到了小床上方的一个会发出声响的玩具,他就会连续地用手去碰玩具让它再度发出声响。[①] 对于感觉游戏的指导,它不应在单纯的分领域中特立独行,应该回归到儿童的生活现实,从他们生活熟悉的用品、人和婴幼儿自身身体出发,进行感觉游戏的设计。另外,要关注婴幼儿的生命存在,营造温馨和谐氛围,促使婴幼儿主动、独立参与,建立与人和环境的安全感,在玩中发展感官的协同作用,使其获得全面和谐发展所必备的能力。

(二)婴幼儿象征性游戏指导要点

象征性游戏又称装扮性游戏、想象游戏、假装游戏,是指婴幼儿以代替物为中介,在假想的情境中以模仿和想象扮演角色,以物代物、以人代人的表现形式来表现和反映现实生活体验的游戏活动。在象征性游戏中,婴幼儿要摆脱对当前实物的知觉,以表象代替实物作思维的支柱进行想象,满足婴幼儿在现实生活中不能实现的愿望和要求。

[案例 5-4-3]　小杰玩积木

1 岁 7 个月的小杰在玩具箱里翻了好久,最后找到了一块积木,拿在手里认真看了看,接着又放在耳边,发出"喂喂喂"的声音,假装在和别人说话,这时坐在沙发上看书的妈妈听到了小杰的声音,也拿起手机假装在和小杰说话。妈妈问小杰:你在哪里呢? 小杰回答"家"。妈妈又问:你妈妈呢? 小杰看了看妈妈,扔下了积木,跑到了妈妈身边,开始拿妈妈的书。

分析:

1. 出现象征性行为,会做生活模仿游戏

2 岁以后,幼儿的思维从感知运动思维过渡到象征性思维阶段,而拟人性是象征性思维阶段的一个很重要的特点,大量的象征性思维开始出现。幼儿开始喜欢模仿成人真实生活中的活动,能够以更具象征性和想象力的方式进行游戏活动,如假装打电话、假装喝水、假装做饭、假装购物等。他们在游戏中,经常以物代物,以人代人等。

2. 游戏主题比较简单

2 岁多的幼儿刚刚出现象征性游戏的萌芽,玩的一般是非常简单的象征性游戏,主要以模仿日常生活情境为主,所以游戏的主题相对来说比较简单。

3. 游戏时间持续较短,缺乏坚持性

这个时期的幼儿坚持性比较差,容易受到其他因素的干扰而中断游戏。例如小杰在和妈妈玩模仿打电话的游戏时,发现妈妈手上的书,就跑了过去,说明坚持性比较差。

建议:

1. 应积极参与幼儿的象征性游戏

幼儿父母或老师可以积极参与幼儿的象征性游戏,及时拓展幼儿的游戏方式和内容。鼓励幼儿玩过家家,当幼儿认真"打电话""做饭"时,要注意时不时地问他:你在哪儿呢? 你做的什么菜呀? 并及时称赞:真香啊! 可以以某种角色参与其中,给予建议和指导。例如幼儿在给"客人"倒茶时,"客人"可以提醒幼儿想吃"点心",让幼儿来分点心等。

2. 多提供一些日常生活游戏

成人和幼儿玩互动的生活类模仿游戏,丰富幼儿经验。成人可以经常和幼儿一起操作玩具,引导他

---

① 刘焱.儿童游戏通论[M].北京:北京师范大学出版社,2004:181.

进行想象扮演,丰富其日常生活经验。

3.丰富游戏形式

由于象征性游戏比较简单,幼儿游戏持续的时间较短,所以在游戏形式上要丰富一些,提高游戏的吸引力,满足幼儿好奇心。

对于这类游戏,我们在指导时要注意游戏有较突出的嬉戏性,多以感官运动、身体的运动、愉快的情绪以及出声的语言等形式为主,具有较少的深度认知成分,不要过度干扰或介入幼儿的游戏中。同时,可以在日常生活中给幼儿创造机会,帮助他们丰富生活经验。

(三)婴幼儿建构游戏指导要点

建构游戏是指幼儿按照一定的计划或目的来组织游戏材料或其他物体,使之呈现出一定的形式或结构的活动,如搭积木、做泥工、插积塑、堆雪人、玩沙、玩泥等。建构游戏大约2岁时发生,并且随着年龄发展逐渐增加。在婴幼儿游戏类型中,建构游戏在不同年龄阶段都能吸引婴幼儿的兴趣。建构游戏有种类繁多、质地多样、可随意变换、反复创建的积木、积塑、泥沙及生活中随处可得的废旧物品等建构材料,婴幼儿喜欢对这些材料进行搭建,可进行排列、组合、接插、镶嵌、拼搭、垒高、穿套、编织、黏合等,而且在游戏过程中能实现自己搭建的需求及愿望,体验自己与同伴共同搭建的快乐感和成功感。

建构游戏是以表征思维为基础,以建构物为主要表征手段的象征性游戏活动,婴幼儿在游戏中表达自己对于生活和世界的认识、体验和感受,表现着自己内心的想法和情绪情感,也充满期待和愿望。

[案例5-4-4]　2岁的硕硕玩积木

2岁的硕硕自己跑到积木区玩积木,他从玩具柜上拿了一个大的黄色罗马拱形积木和一个小的黄色罗马拱形积木摆在一起,然后将黄色的长方形与黄色的长方体依次摆在两个罗马拱形积木的左边,又从玩具柜里拿了一个粉色的正方形块和一个橘色的小块罗马拱形积木放在蓝色积木的右边,但是在中间空出了一个积木的距离,就到另一边找积木找了很久,最后找了一个绿色的三角形积木放在蓝色积木和粉色积木之间,刚好可以放进去了。完成积木搭建之后,他高兴地拍了拍手,自言自语道:彩虹桥完成了。然后跳过了粉色的正方形块儿积木,接着又来回跳了好几次。

分析:

1.建构水平在横排、顺接阶段

2岁左右的婴幼儿的建构水平处在横排、顺接阶段,即一块接一块,首尾相接水平放在地板上,变成火车。然后进一步发展成"有间隔的平铺",即每块积木保持相同的距离,表明他们在空间距离意识上的进步。案例中的硕硕正处在横排、顺接阶段。可以看出,他对积木的兴趣很浓,目前主要以平铺为主,事先也并没有构想,只是一边玩一边随机更换。这个年龄段的婴幼儿的乐趣更多的是在于材料的操作过程,这是认知的感觉运动性的延伸。

2.建构目的不明确

2岁婴幼儿在玩建构游戏时,建构目的性很不明确,往往是先做后想,随时改变主意,可以一个接一个地拼接到很长,在搭建的时候,有了情景意识,便根据意识进行搭建。

3.慢慢掌握空间距离的比较

2岁婴幼儿通常不会在意积木的形状,一开始,他们或许不能清楚地说出自己在做什么,但是在不断摸索、比较中,婴幼儿渐渐内化"靠近、分开、高、矮、长、短"这些概念,然后还会比较哪一块长、哪一块短,这便是测量的开始。

4.增强自信心,获得良好的情绪体验

硕硕成功地摆出了"彩虹桥",非常开心地跳来跳去。从中可以看出,他在游戏中得到了愉快的情绪体验,增强了自信心,满足了成就感。

建议：

1. 选择婴幼儿喜欢的、形象的事物作为建构材料

在建构游戏中，婴幼儿必须通过直接动手操作，通过自己的建筑和构造活动来反映对周围生活的认识与感受。也正是这种亲手操作的造型活动可以使婴幼儿的活动要求得到满足，给婴幼儿带来愉悦的情感体验。因此，应为婴幼儿提供足够数量和各种颜色、形状的建构玩具。

2. 适时介入指导

当婴幼儿独自进行建构游戏时，应先观察，不要打扰婴幼儿，等婴幼儿探索完，再适时进行指导。

3. 循序渐进，逐步提高婴幼儿的建构水平

婴幼儿不同智力发展水平会表现出不同的建构游戏水平。如：婴幼儿的行动一开始往往是对单一建构材料的摆弄，然后是对多个建构材料的堆放、排列、叠高，再最后是围合、简单的造型。在建构游戏中，要不断充实、增加游戏内容，启发婴幼儿新的建构思路，从而使建构游戏顺利地开展。

对这类游戏进行指导，还需要注意这几点：提供多种类的充足材料；对于婴幼儿在搭建时遇到的问题视情况给予及时的支持；尊重婴幼儿自身发展，不揠苗助长，提过高的要求。

拓展练习

一、根据材料思考并简要回答问题。

根据观察记录，分析婴幼儿追视的情况，调整婴幼儿追视能力练习的方式，至少列举 3 种游戏或情境，并写出新方案的可取之处。

观察记录：宝宝 8 个月了，她的眼睛已经能跟着小红球进行追视了，但通常看的时间不长，每次都在追视不久就开始表现出不耐烦，转头或看其他地方，视线就离开了小红球。

二、阅读下面的案例，并回答问题。

［案例 5-4-5］　宝宝不爱说话了

2 岁的宝宝是家人的掌上明珠，在家处处受到呵护，平时活泼可爱，能说会道，还有点任性。转眼宝宝要上托班了。上了托班后，宝宝却一下子变得很少讲话了，更不敢主动与同伴一起玩，这让她的父母不能理解，也不知该怎么办。

问题讨论：

根据案例，分析造成婴幼儿胆小退缩的原因，提出改变的方法，并设计 1 个游戏帮助纠正，游戏要写明适用年龄、材料准备、玩法、益处和提示等。

项目小结

本项目通过从婴幼儿发展的动作、语言、社会性等领域以及婴幼儿在游戏中的发展切入，关注婴幼儿在这些领域中的发展并进行观察，掌握对不同年龄段婴幼儿不同发展领域的观察要点，期望能够在观察的基础上给予婴幼儿发展以针对性的指导。在婴幼儿发展的每一个领域，我们都先学习这一领域的一般发展规律或进程，进而在这个基础上掌握不同年龄段的发展和观察要点，最后进行有针对性的指导。这一项目详细阐述了观察和指导的要点，为进入现场观察前认识婴幼儿以及进入现场后顺利进行观察奠定基础。

聚焦考证

1. 选择题

婴幼儿反复拍击盆子里的水,绕着房子四周跑,或反复把某件东西拉过来,再推开,以体验运动过程中的快感,这类游戏属于（　　）

A. 结构游戏　　　　　B. 感觉运动游戏　　　　　C. 象征性游戏　　　　　D. 规则游戏

2. 选择题

在婴幼儿游戏的活动中,不能学会（　　）

A. 能操作各种材料,与各种物体和人相互作用　　　　　B. 获得认识周围事物的时机

C. 掌握抽象逻辑思维的方法　　　　　D. 促进婴儿生理、心理的发展

3. 选择题

"爬过去、按一下"的游戏是婴幼儿（　　）动作训练。

A. 抬头　　　　　B. 翻身　　　　　C. 爬行　　　　　D. 站立

4. 选择题

"滚糖球"的游戏是婴儿（　　）动作训练

A. 抬头　　　　　B. 翻身　　　　　C. 爬　　　　　D. 站立

5. 选择题

对婴幼儿动作能力发展观察的目的是（　　）了解婴幼儿动作发展的水平。

A. 大约地　　　　　B. 准确地　　　　　C. 粗略地　　　　　D 详细地

6. 选择题

选择和改编婴幼儿精细动作游戏的方法是（　　）

A. 不要示范,直接模仿　　　　　B. 示范在先,模仿在后

C. 模仿在先,示范在后　　　　　D. 边示范边模仿

7. 选择题

可以用球类游戏来训练婴儿（　　）等方面的基本能力。

A. 滚、接、扔、拍、投　　　　　B. 滚、跑、爬、拍、跳

C. 跑、跨越障碍、攀爬　　　　　D. 跨越障碍、滚、接、扔

附：

新时代政策与教育科研聚焦观察型教师

  婴幼儿作为独立的主体会因为遗传因素、生存环境等的不同而有着不同的发展水平、不同的生理与心理需求,以及不同的学习方式,因此,相同的婴幼儿行为也可以有不同的解读。而婴幼儿行为观察则是教师能够更准确地读懂婴幼儿、更全面地促进婴幼儿发展的制胜法宝,也是教师能够更好地提高专业能力的有效途径。具备良好的婴幼儿行为观察能力不仅对婴幼儿的全面发展有着重要影响,还对教师职业素养的提升有着重大意义,是符合新时期国内外婴幼儿研究发展趋势,也是符合党和国家对幼教工作者的专业要求。

  目前,针对0～3岁婴幼儿教育阶段的教育政策与法规尚待建设。结合国际经验,以0～3岁与3～6岁教育阶段之间较强的衔接性和较高的相似性,使用对幼儿园教师的要求来要求0～3岁托幼机构的教师是可取的。相信随着国家对0～3岁婴幼儿教育的不断重视,会有更具有针对性的政策文件出台。

  同时,"学科德育"和"课程思政"的提出需要讲授者和学习者将思想政治教育的理论知识、价值理念以及精神追求等融入专业课程中去,并潜移默化地对学习者的思想意识、行为举止产生影响。因此,我们需要将我们专业学习的思想高度提上去,将眼界和思想觉悟提升至符合新时代的要求,为将来成为"四有好老师"做好思想准备和专业准备,务必要了解国家大政方针和国家层面上的教育方针对我们的要求。

  因此,在本书的最后简要谈谈国家对学龄前教育中婴幼儿观察的方针政策上的导向以及当前婴幼儿教育趋势中的婴幼儿观察。

一、《托育机构保育指导大纲(试行)》对教师在婴幼儿观察上的要求

  2021年,根据《国务院办公厅关于促进3岁以下婴幼儿照护服务发展的指导意见》(国办发〔2019〕15号)要求,依据国家卫生健康委《托育机构设置标准(试行)》《托育机构管理规范(试行)》,指导托育机构为3岁以下婴幼儿提供科学、规范的照护服务,制定发布了《托育机构保育指导大纲(试行)》(以下简称《托育保育大纲》)。

  《托育保育大纲》明确提出托育机构保育应遵循四个基本原则:尊重儿童、安全健康、积极回应、科学规范。其中,"尊重儿童"明确要求要"尊重婴幼儿成长特点和规律,关注个体差异,促进每个婴幼儿全面发展","积极回应"提出要"敏感观察婴幼儿,理解其生理和心理需求,并及时给予积极适宜的回应。"这都对托育机构从事保育、教育工作的教师提出了观察婴幼儿的要求。

二、《幼儿园教育指导纲要(试行)》对教师在婴幼儿观察上的要求

  2001年7月,教育部正式颁布了《幼儿园教育指导纲要(试行)》(以下简称《纲要》)。这一《纲要》的颁布具有重要的时代意义,标志着我国对学前教育的改革迈上一个新台阶,它指导着我国广大幼儿教育工作者将《幼儿园工作规程》的教育思想和观念转化为教育行为。在《纲要》中的实施部分,特别指出"教育活动目标要以《幼儿园工作规程》和本《纲要》所提出的各领域目标为指导,结合本班幼儿的发展水平、经验和需要来确定",强调教育者要了解本班幼儿的发展水平、经验和需要。那么,如何了解本班幼儿的发展水平、经验和需要呢?毋庸置疑,在强调过程性评价的今天,教育者要通过随时观察婴幼儿来了解婴幼儿的发展水平、经验和需要。

（一）"以人为本"的教育思想的贯彻实施

《纲要》的突出特征之一就是坚持"以人为本"的思想。所谓"以人为本"是指以人为价值的核心和社会的本位，将人的生存和发展作为最高价值目标，一切为了人，一切服务于人。①《纲要》的实施、评价等环节当中都提到"要为每个儿童，包括有特殊需要的儿童提供积极的支持和帮助"，坚持"承认和关注幼儿的个人差异，避免用整齐划一的标准评价不同的幼儿"。要想符合《纲要》的要求就需要广大教师在与幼儿的接触中做到"心中有儿童""眼中有儿童"。

（二）《纲要》的教育评价对教师提出的要求

《纲要》指出："教育评价是幼儿园教育工作的重要组成部分，是了解教育的适宜性、有效性，调整和改进工作，促进每一个幼儿发展，提高教育质量的必要手段。"同时，《纲要》认为教育工作评价应注意"教育计划和教育活动的目标是否建立在了解本班幼儿现状的基础上"，"教育过程是否能为幼儿提供有益的学习经验，并符合其发展需要"，而对幼儿发展状况的评估要注意"全面了解幼儿的发展状况，防止片面性，尤其要避免只重知识和技能，忽略情感、社会性和实际能力的倾向"，"在日常活动与教育教学过程中采用自然的方法进行。平时观察所获的具有典型意义的幼儿行为表现和所积累的各种作品等，是评价的重要依据"。这些要求非常重视教师在日常活动与教育教学过程中对婴幼儿的观察，并把对婴幼儿的观察提到了一定的高度。托幼园所的教师想要做好教育教学工作就应当尊重婴幼儿真实的发展水平和发展需要，这都需要教师在面对婴幼儿时做好观察工作。

三、《幼儿园保育教育质量评估指南》对教师在婴幼儿观察上的要求

2022年2月，教育部发布《幼儿园保育教育质量评估指南》（以下简称《评估指南》），是为加快建立健全教育评价制度，促进学前教育高质量发展。在这一指南中，要求"坚持以儿童为本"，即"尊重幼儿年龄特点和成长规律，注重幼儿发展的整体性和连续性，坚持保教结合，以游戏为基本活动，有效促进幼儿身心健康发展"。同时，坚持科学评估、"以评促建"，重视"过程性评价"，要求"重点关注保育教育过程质量，关注幼儿园提升保教水平的努力程度和改进过程，严禁用直接测查幼儿能力和发展水平的方式评估幼儿园保育教育质量"。在教育评价上的调整，一改以往用水平测查的方式来评价幼儿并在此基础上开展教育教学活动的方式，要求教师在幼儿日常生活和教育活动中进行观察的基础上进行评价。

《评估指南》将"聚焦班级观察"作为评估方式对教师观察作出要求。《评估指南》中明确指出：通过不少于半日的连续自然观察，了解教师与幼儿互动情况，准确判断教师对促进幼儿学习与发展所做的努力与支持，全面、客观、真实地了解幼儿园保育教育过程和质量。外部评估的班级观察采取随机抽取的方式，覆盖面不少于各年龄班级总数的三分之一。这无疑对教师认识观察的重要性、掌握观察能力、树立观察意识都提出了较高的要求。

教师如果不会、不能观察婴幼儿，就不可能对班级活动乃至托幼园所的教育质量有正确的认识，就无法在"以评促建"的基础上改善或保障托幼园所的教育质量，长此以往，教育质量堪忧。反之，教师学会并实时观察，在此基础上了解和分析婴幼儿的发展阶段，以此为依据调整和改善教育教学活动，则教育质量才能得到保障。

四、《幼儿园教师专业标准（试行）》对教师在婴幼儿观察上的要求

为进一步促进和规范幼儿园教师专业发展，建设和保障高素质幼儿园教师队伍，根据《中华人民共和国教师法》，教育部2012年颁布出台了《幼儿园教师专业标准（试行）》（以下简称《专业标准》），表明幼儿园教师是完成幼儿园教育工作的专业人员，具有专业属性，需要经过严格的培养与培训，具有良好的职业道德，掌握系统的专业知识和专业技能。《专业标准》虽然是针对幼儿园教师，但是对于托育机构的教师和工作人员也具有一定的约束力和启发性。

---

① 李红霞,朱萍,范文明.学前教育政策法规(第二版)[M].北京:高等教育出版社,2019:105.

（一）"师德为先""幼儿为本"的基本理念的要求

《专业标准》中基本理念的"师德为先"中要求托幼机构的教师"热爱学前教育事业,具有职业理想,践行社会主义核心价值体系,履行教师职业道德规范,依法执教。关爱幼儿,尊重幼儿人格,富有爱心、责任心、耐心和细心;为人师表,教书育人,自尊自律,做幼儿健康成长的启蒙者和引路人"。而理念"幼儿为本"则要求"尊重幼儿权益,以幼儿为主体,充分调动和发挥幼儿的主动性;遵循幼儿身心发展特点和保教活动规律,提供适合的教育,保障幼儿快乐全面健康地成长"。这都是指教师要尊重、了解每一个婴幼儿的发展水平和发展需要,无形中对教师的观察水平提出了要求。

（二）"专业知识""专业能力"等基本内容的要求

《专业标准》在基本内容中要求教师具备的"专业知识""专业能力"中明确指出幼儿园教师应当"掌握观察、谈话、记录等了解幼儿的基本方法";"有效运用观察、谈话、家园联系、作品分析等多种方法,客观、全面地了解和评价幼儿;有效运用评价结果,指导下一步教育活动的开展",同时,"在教育活动中观察幼儿,根据幼儿的表现和需要,调整活动,给予适宜的指导"。这一条条都明确指向教师的观察能力,表明了观察能力是一名教师的必备技能和开展教育教学活动的必备手段。

五、习近平新时代中国特色社会主义思想对教师"立德树人"的要求

2017年10月18日,在中国共产党第十九次全国代表大会上习近平总书记首次提出"习近平新时代中国特色社会主义思想"。习近平新时代中国特色社会主义思想是全党全国人民为实现中华民族伟大复兴而奋斗的行动指南。广大教育工作者学习与践行习近平新时代中国特色社会主义思想,势必要把"不忘立德树人初心 牢记为党育人为国育才使命"刻进自己的教育教学事业中。作为托育机构的教师,我们面对的是最为稚嫩的祖国的花朵,守护的是最为稚嫩的心灵和身体,这需要教师用高尚的师德和强劲的责任担当做好教育教学工作。在2022年召开的党的二十大持续贯彻这一思想,中国的教育事业进入高质量教育时代,要实现中国式发展,就要有中国式高质量教师的参与。

习近平总书记一贯高度重视培养社会主义建设者和接班人,明确要求"要坚持社会主义办学方向,把立德树人作为教育的根本任务"。这就要求我们托幼机构的教师要具备优秀的专业水平、良好的教学质量,在教育活动中以德为先,进行爱的教育。发现儿童、理解儿童是教育儿童的基础,观察评价是了解儿童的基本途径。优秀的教师首先是婴幼儿的研究者,能够通过观察与评价来发现儿童、倾听儿童并读懂儿童。[①] 可见,做好对婴幼儿的观察并在观察的基础上进行评价是做好婴幼儿教育工作的基础步骤,在这个基础上才能实现坚持马克思主义哲学体系下的实事求是,做好"立德树人"的教育工作。

六、观察儿童——新时代儿童观的必然要求

在中华文明发展的漫长时期,也是从无到有,逐渐"发现儿童"。最初是"父让子亡,子不得不亡",好似儿童是父权下父辈的私有物品,任打任杀,直到近现代教育家陶行知、陈鹤琴传播新的思想、带来新的教育实践,人们有了认识和看待儿童的新视角。令人欣慰的是,民族存亡之际诞生的中国共产党人在建立政权之初就重视儿童教育。中国共产党人在战火中建立儿童保育院,关注保育院的建设、儿童的生活和学习,毛泽东还提出了"儿童万岁"的观点,意味着他对"儿童决定未来"的基本事实有了充分的认识,对儿童应得到的尊重给予充分肯定。[②] 这时期的中国共产党人就已具备科学的现代儿童观。

随后,伴随着改革开放,中国共产党指导下的科学的学前教育政策如雨后春笋般涌出,对儿童的"发现"与定位实现了从社会成员到儿童本身,从废除"以幼儿为本位"到坚持"以幼儿为本位"确定儿童的地位,从起步到飞跃地建构儿童权利,签署联合国的《儿童权力公约》更是意味着我国政府对儿童的基本人权——生存权、发展权、参与权、受保护权等的肯定。[③] 可见,党和政府一直坚持婴幼儿教育应树立科学

---

① 潘月娟.学前儿童观察与评价[M].北京:北京师范大学出版社,2015:1.
② 虞永平,王淑君.儿童万岁:延安时期中国共产党人的儿童观[J].学前教育研究,2021(7):1-4.
③ 蒋雅俊.改革开放40年学前教育政策中的儿童观变迁[J].学前教育研究,2019,3:12-20.

的儿童观,尊重儿童,这就要求我们在教育教学工作中要坚持"以儿童为中心"。而要实现"以儿童为中心",就要了解儿童、尊重儿童的发展阶段,那么,就要在观察儿童的基础上真正地了解儿童,进而做到尊重儿童,"以儿童为中心"。

儿童观是教师观念的核心内容,教师如何"观"儿童,即教师如何看待儿童在一定程度上决定了教师会如何对待儿童。科学的儿童观要求我们要真实地看待儿童,看待儿童真实的每一面,这对教师的观察能力提出了要求。

托育机构的教师虽然不像其他教育阶段的教育工作者直面"传道授业解惑"的重担,但不可否认的是,作为教师,是肩负着时代的使命的群体,在教育教学中要基于一定的时代背景,站在一定的理论高度上去做好教育教学工作,这就必须坚持理论联系实际,一切从实际出发,坚持"以人为本",在充分了解我们的教育对象的基础上开展教育教学工作,不断提升自身专业水平,坚持科学育儿的专业道路,做好对婴幼儿的观察,在了解婴幼儿的基础上进行教育教学工作。

主要参考文献

［1］周念丽.0—3岁儿童观察与评估［M］.上海:华东师范大学出版社,2013.

［2］刘金花.儿童发展心理学［M］.上海:华东师范大学出版社,2021.

［3］［美］科恩.幼儿行为的观察与记录(第六版)［M］.马燕,马希武,译.北京:中国轻工业出版社,2021.

［4］刘焱.幼儿园游戏与指导［M］.北京:高等教育出版社,2012.

［5］刘焱.儿童游戏通论［M］.北京:北京师范大学出版社,2004.

［6］梁爱民.0～6岁婴幼儿行为指导全书［M］.长春:吉林科学技术出版社,2010.

［7］朱家雄.黄绿相间的银杏叶［M］.上海:上海教育出版社,2020.

［8］侯素雯,林建华.幼儿行为观察与指导这样做(第二版)［M］.上海:华东师范大学出版社,2019.

［9］蔡春美,等.幼儿行为观察与记录(第二版)［M］.上海:华东师范大学出版社,2020.

［10］韩映虹.婴幼儿行为观察与分析［M］.上海:上海科技教育出版社,2017.

［11］李凌.解读幼儿图画密码［M］.石家庄:河北美术出版社,2016.

［12］施燕,韩春红.学前儿童行为观察(第2版)［M］.上海:华东师范大学出版社,2020.

［13］陈向明.质的研究方法与社会科学研究［M］.北京:教育科学出版社,2000.

［14］潘月娟.学前儿童观察与评价［M］.北京:北京师范大学出版社,2015.

［15］［美］沃伦·R.本特森.观察儿童——儿童行为观察记录指南［M］.于开莲,王银玲,译.北京:人民教育出版社,2009.

［16］［美］高瞻教育研究基金会(HighScope Educational Research Foundation).学前儿童观察评价系统［M］.霍力岩,刘祎玮,刘睿文,等译.北京:教育科学出版社,2018.

［17］唐大章,唐爽.婴儿动作指导活动设计与组织［M］.北京:科学出版社,2015.

［18］周平.0—3岁儿童观察与评价［M］.上海:上海交通大学出版社,2019.

［19］［英］萨莉·沃德.与宝宝对话［M］.毛佩琦,译.北京:中信出版社,2021.

［20］［美］劳拉·E.贝克.儿童发展(第八版)［M］.邵文实,译.南京:江苏教育出版社,2014.

［21］李晓巍.幼儿行为观察与案例［M］.上海:华东师范大学出版社,2017.

［22］刘强,孙琴干.儿童行为观察与分析［M］.南京:南京大学出版社,2019.

［23］李红霞,朱萍,范文明.学前教育政策法规(第二版)［M］.北京:高等教育出版社,2019.

［24］［美］芭芭拉·鲍曼,苏珊娜·多诺万,苏珊·勃恩兹.渴望学习［M］.南京:南京师范大学出版社,2005.

［25］Wortham, S. C. *Assessment in Early Childhood Education*［M］. 3rd ed. New Jersey: Merrill Prentice Hall, 2001.

［26］Chen, J. Q., McNamee, G. D. Bridging: Assessment for Teaching and Learning in Early Childhood Classrooms, Prek-3［M］. Thousand Oaks, CA: Corwin Press, 2007.

［27］张建端.《12～36月龄幼儿情绪社会性评估量表》修订研究［D］.武汉:华中科技大学,2008.

［28］林磊,程曦.儿童心理研究中的时间取样观察法［J］.心理发展与教育,1992(2):32-36.

［29］李春光,张慧.作品取样系统及其对我国学前教育评价的启示［J］.教育现代化,2015(4):63-67.

［30］夏靖.轶事记录法在幼儿评价中的应用［J］.学前教育研究,2003(Z1):50-52.

［31］赵德成,夏靖.表现性评价在美国教师资格认定实践中的应用及其启示［J］.外国教育研究,2008(2):11-16.

［32］周欣.表现性评价及其在学前教育中的应用［J］.学前教育研究,2009(12):28-33.

［33］熊庆华,庞丽娟,陶沙,张华.教师对幼儿数学能力评价准确性的研究［J］.学前教育研究,2003(2):29-31.

［34］Kuale, S. *The 1000-Page Question*［J］. Phenomenology and Pedagogy, 1988, 6(2): 90-106.

［35］中华人民共和国国家卫生和计划生育委员会.0岁～6岁儿童发育行为评估量表［Z］.2017-10-12.

［36］虞永平,王淑君.儿童万岁:延安时期中国共产党人的儿童观［J］.学前教育研究,2021(7):1-4.

图书在版编目(CIP)数据

婴幼儿行为观察与指导/杨道才,刘妍慧主编. —上海:复旦大学出版社, 2023.11(2025.2 重印)
ISBN 978-7-309-16817-4

Ⅰ.①婴… Ⅱ.①杨… ②刘… Ⅲ.①婴幼儿-行为分析-教材 Ⅳ.①B844.11

中国国家版本馆 CIP 数据核字(2023)第 072250 号

婴幼儿行为观察与指导
杨道才 刘妍慧 主编
责任编辑/谢少卿

复旦大学出版社有限公司出版发行
上海市国权路 579 号 邮编:200433
网址:fupnet@ fudanpress. com http://www.fudanpress.com
门市零售:86-21-65102580 团体订购:86-21-65104505
出版部电话:86-21-65642845
上海丽佳制版印刷有限公司

开本 890 毫米×1240 毫米 1/16 印张 8.5 字数 263 千字
2025 年 2 月第 1 版第 2 次印刷

ISBN 978-7-309-16817-4/B · 782
定价:45.00 元